软物质前沿科学丛书编委会

“十三五”国家重点出版物出版规划项目

软物质前沿科学丛书

高分子物理理论专题

Selected Topics on Theory of Polymer Physics

严大东　张兴华　苗　兵　著

科学出版社
龍門書局

北京

内 容 简 介

本书简要介绍了高分子物理的一些理论专题，特别是高分子体系的场论表述，及其近年来建立在场论表述上处理高分子体系物理问题的一些常用的场论方法，包括自洽平均场理论、动态自洽场理论、外势场动力学、高斯涨落理论以及对于半刚性链行之有效的单链平均场理论等。在上述理论的应用方面，特别关注了共混体系的相分离动力学、结晶动力学、半刚性体系的静态与动态性质等。此外，还对高分子链的自回避行走与凝聚态物理中临界现象的联系做了较为详尽的介绍。

本书的读者对象为从事高分子理论研究的研究生和学者，对于想了解高分子理论进展的高分子物理实验工作者也有一定的参考价值。

图书在版编目(CIP)数据

高分子物理理论专题/严大东，张兴华，苗兵著. —北京：龙门书局，2021. 5

(软物质前沿科学丛书)

“十三五”国家重点出版物出版规划项目　国家出版基金项目

ISBN 978-7-5088-6016-9

Ⅰ.①高…　Ⅱ.①严…　②张…　③苗…　Ⅲ.①高聚物物理学　Ⅳ.①O631

中国版本图书馆 CIP 数据核字(2021) 第 080781 号

责任编辑：钱　俊　郭学雯／责任校对：彭珍珍
责任印制：徐晓晨／封面设计：无极书装

科学出版社
龙门书局 出版

北京东黄城根北街 16 号
邮政编码：100717
http://www.sciencep.com

北京虎彩文化传播有限公司 印刷
科学出版社发行　各地新华书店经销

*

2021 年 5 月第 一 版　开本：720 × 1000　B5
2021 年 5 月第一次印刷　印张：9　3/4
字数：180 000

定价：98.00 元

(如有印装质量问题，我社负责调换)

丛 书 序

社会文明的进步、历史的断代，通常以人类掌握的技术工具材料来刻画，如远古的石器时代、商周的青铜器时代、在冶炼青铜的基础上逐渐掌握了冶炼铁的技术之后的铁器时代，这些时代的名称反映了人类最初学会使用的主要是硬物质。同样，20 世纪的物理学家一开始也是致力于研究硬物质，像金属、半导体以及陶瓷，掌握这些材料使大规模集成电路技术成为可能，并开创了信息时代。进入 21 世纪，人们自然要问，什么材料代表当今时代的特征？什么是物理学最有发展前途的新研究领域？

1991 年，诺贝尔物理学奖得主德热纳最先给出回答：这个领域就是其得奖演讲的题目——“软物质”。按《欧洲物理杂志》B 分册的划分，它也被称为软凝聚态物质，所辖学科依次为液晶、聚合物、双亲分子、生物膜、胶体、黏胶及颗粒物质等。

2004 年，以 1977 年诺贝尔物理学奖得主、固体物理学家 P.W. 安德森为首的 80 余位著名物理学家曾以“关联物质新领域”为题召开研讨会，将凝聚态物理分为硬物质物理与软物质物理，认为软物质 (包括生物体系) 面临新的问题和挑战，需要发展新的物理学。

2005 年，*Science* 提出了 125 个世界性科学前沿问题，其中 13 个直接与软物质交叉学科有关。“自组织的发展程度”更是被列为前 25 个最重要的世界性课题中的第 18 位，“玻璃化转变和玻璃的本质”也被认为是最具有挑战性的基础物理问题以及当今凝聚态物理的一个重大研究前沿。

进入新世纪，软物质在国际上受到高度重视，如 2015 年，爱丁堡大学软物质领域学者 Michael Cates 教授被选为剑桥大学卢卡斯讲座教授。大家知道，这个讲座是时代研究热门领域的方向标，牛顿、霍金都任过卢卡斯讲座教授这一最为著名的讲座教授职位。发达国家多数大学的物理系和研究机构已纷纷建立软物质物理的研究方向。

虽然在软物质研究的早期历史上，享誉世界的大科学家如诺贝尔奖获得者爱因斯坦、朗缪尔、弗洛里等都做出过开创性贡献。但软物质物理学发展更为迅猛还是自德热纳 1991 年正式命名“软物质”以来，软物质物理学不仅大大拓展了物理学的研究对象，还对物理学基础研究尤其是与非平衡现象 (如生命现象) 密切相关的物理学提出了重大挑战。软物质泛指处于固体和理想流体之间的复杂的凝聚态物质，主要共同点是其基本单元之间的相互作用比较弱 (约为室温热能量级)，因而易受温度影响，熵效应显著，且易形成有序结构。因此具有显著热波动、多个亚稳状态、介观尺度自组装结构、熵驱动的有序无序相变、宏观的灵活性等特征。简单地说，这些体系都体现了“小刺激，大反应”和强非线性的特性。这些特性并非仅仅由纳观组织或原子、分子水平的结构决定，更多是由介观多级自组装结构决定。处于这种状态的常见物质体系包括胶体、液晶、高分子及超分子、泡沫、乳液、凝胶、颗粒物质、玻璃、生物体系等。软物质不仅广泛存在于自然界，而且由于其丰富、奇特的物理学性质，在人类的生活和生产活动中也得到广泛应用，常见的有液晶、柔性电子、塑料、橡胶、颜料、墨水、牙膏、清洁剂、护肤品、食品添加剂等。由于其巨大的实用性以及迷人的物理性质，软物质自 19 世纪中后期进入科学家视野以来，就不断吸引着来自物理、化学、力学、生物学、材料科学、医学、数学等不同学科领域的大批研究者。近二十年来更是快速发展成为一个高度交叉的庞大的研究方向，在基础科学和实际应用方面都有重大意义。

为了推动我国软物质研究，为国民经济作出应有贡献，在国家自然科学基金委员会–中国科学院学科发展战略研究合作项目“软凝聚态物理学的若干前沿问题”(2013.7—2015.6) 资助下，本丛书主编组织了我国高校与研究院所上百位分布在数学、物理、化学、生命科学、力学等领域的长期从事软物质研究的科技工作者，参与本项目的研究工作。在充分调研的基础上，通过多次召开软物质科研论坛与研讨会，完成了一份 80 万字的研究报告，全面系统地展现了软凝聚态物理学的发展历史、国内外研究现状，凝练出该交叉学科的重要研究方向，为我国科技管理部门部署软物质物理研究提供了一份既翔实又具前瞻性的路线图。

作为战略报告的推广成果，参加该项目的部分专家在《物理学报》出版了软凝聚态物理学术专辑，共计 30 篇综述。同时，该项目还受到科学出版社关注，双方达成了“软物质前沿科学丛书”的出版计划。这将是国内第一套系统总结该领域理论、实验和方法的专业丛书，对从事相关领域研究的人员将起到重要参考作用。因此，我们与科学出版社商讨了合作事项，成立了丛书编委会，并对丛书做了初步规划。编委会邀请了 30 多位不同背景的软物质领域的国内外专家共同完成这一系列专著。这套丛书将为读者提供软物质研究从基础到前沿的各个领域的最新进展，涵盖软物质研究的主要方面，包括理论建模、先进的探测和加工技术等。

由于我们对于软物质这一发展中的交叉科学的了解不很全面，不可能做到计划的“一劳永逸”，而且缺乏组织出版一个进行时学科的丛书的实践经验，为此，我们要特别感谢科学出版社钱俊编辑，他跟踪了我们咨询项目启动到完成的全过程，并参与本丛书的策划。

我们欢迎更多相关同行撰写著作加入本丛书，为推动软物质科学在国内的发展做出贡献。

主　编　　欧阳钟灿
执行主编　　刘向阳
2017 年 8 月

前　言

早在 2011 年 11 月，欧阳钟灿院士就在南京大学组织了首次“软凝聚态物理与交叉科学”研讨会；2013 年 11 月，又在北京组织了国家自然科学基金委员会–中国科学院学科发展战略研究项目“软凝聚态物理学的若干前沿问题”启动会；2014 年 7 月，在厦门召开了“软物质前沿科学丛书”研讨会，正式决定出版一套“软物质前沿科学丛书”，其中包括与高分子物理相关的部分。

按现代凝聚态物理的观点，高分子体系属于软物质，而且是最典型的软物质体系之一，它几乎具有软物质的所有主要特征，特别是空间与时间上的多尺度行为。很多物理理论还是最先在高分子体系中得到验证的，这缘于高分子体系具有典型的平均场特性。对高分子物理的理论研究是当前平衡与非平衡态统计物理发展的重要推动力之一，同时也是凝聚态物理、化学、材料科学和计算数学等学科的交叉点。

高分子理论体系的发展经历过几个里程碑式的时代。最早的理论框架源于 Flory 的构象统计理论以及基于格子模型的 Flory-Huggins 相分离理论等。20 世纪 60 年代，Edwards 借鉴 Feynman 建立的表述量子力学的路径积分理论，建立了表述高分子体系的路径积分理论，提出了著名的描述自回避高分子链的哈密顿量。这一最小化的模型是后续很多研究的基础，被称为高分子理论研究的“标准模型”。20 世纪 70 年代，de Gennes 受统计物理中相变理论的启发，发展了一套高分子物理中的标度理论。这一理论具有最简单的数学形式，可以定性地给出高分子链整体性质的理论，被广泛应用在实验和理论工作的指导之中。

之后，人们陆续发展了一系列理论方法，用以处理不同的高分子体系，例如，高分子溶液、熔体、共混物、嵌段共聚物、支化高分子、在无序介质中的高分子、在无序表面与界面上的高分子、高分子与纳米粒子的复合体系、带电高分子、结晶高分子、玻璃化转变、本构方程、高分子流变学等。其中一个最成功的例子，是用自洽场理论研究嵌段共聚物的自组装问题。特别是进入 21 世纪以来，随着计算机能力的飞速提高，这方面的理论研究已经走在了实验的前面，预言了很多实验上还没有发现的亚稳态结构。

高分子理论研究的终极目的是为高分子材料设计服务。尽管随着高性能计算机和计算技术的发展，特别是最近机器学习的发展与广泛应用，高分子理论体系的数值计算和模拟已经取得了令人瞩目的成功，但是距离从分子到材料还有相当长的路要走。在这条路上，高分子理论的发展无论是对于计算机模拟、材料设计，还是对于实验研究的指导，都具有相当长时期的指导意义。

在前述 2014 年的丛书研讨会上，本人承诺写一点分相与结晶动力学方面的理论。但真的到了动笔开始写时，却发现这其实很难，因为已经有那么多好书可以读。但既已承诺，就不能推辞。思之再三，决定写一点与本课题组这些年工作相关的话题，就权当作是相关领域的前沿进展综述吧。

但还是希望为初学高分子物理的学生提供一份参考书目，帮助他们尽快地进入高分子物理理论这个领域：

1. Polymer Physics, M. Rubinstein and R. Colby, Oxford University Press, 2003.

(一本很好的高分子物理理论教材，内容非常丰富)

2. The Theory of Polymer Dynamics, M. Doi and S. F. Edwards, Oxford University Press, 1986.

(经典的高分子动力学专著)

3. Introduction to Polymer Physics, M. Doi, Oxford University Press, 1996.

(可以看作前面一书的简写本)

4. Polymer Solutions: An Introduction to Physical Properties, I. Teraoka, John Wiley & Sons, Inc., 2002.

(一本比较简单的高分子物理理论入门书，配有习题和答案)

5. Scaling Concepts in Polymer Physics, P. G. de Gennes, Cornell University Press, 1979.

(介绍标度理论并用来解决高分子问题的经典书籍，但初学者往往不易看懂)

6. The Equilibrium Theory of Inhomogeneous Polymer, G. H. Fredrickson, Oxford University Press, 2006.

(介绍高分子场论方法的一本非常详尽、实用的书，特别适合用来学习自洽场理论)

此外，还有以下非常经典的高分子物理理论相关书籍：

7. Modern Theory of Polymer Solutions, H. Yamakawa, Harper & Row Publishers, Inc., 1971.

8. Renormalization Group Theory of Macromolecules, K. F. Freed, John Wiley & Sons, Inc., 1987.

9. Polymers in Solution: Their Modeling and Structure, J des Cloizeaux and G. Jannink, Oxford University Press, 1990.

10. Statistical Physics of Macromolecules, A. Y. Grosberg and A. R. Khokhlov, AIP Press, 1994.

11. Theoretical and Mathematical Method in Polymer Research: Modern Methods in Polymer Research and Technology, A. Grosberg, Academic Press, 1998.

12. Statistical Physics of Polymers, T. Kawakatsu, Springer, 2004.

13. Introduction to Polymer Viscoelasticity, 3rd, ed., M. T. Shaw and W. J. MacKnight, John Wiley & Sons, Inc., 2005.

14. Polymer Physics: Application to Molecular Association and Thermoreversible Gelation, F. Tanaka, Cambridge University Press, 2011.

本书写作分工如下：第 1 ~ 6 章由张兴华撰写，第 7、8 章由苗兵撰写，第 9 章由严大东撰写，最后由严大东统稿。不当之处欢迎大家批评指正。

严大东

2020 年 12 月于北京

目　录

第 1 章　高分子共混体系相分离

几乎所有实用的高分子材料都是多种高分子共混的复合体系。在特定外界条件 (温度、压强) 下，混合体系中各组分不能按照任意配比进行混合，否则体系将发生相分离，出现组分配比不同的畴区。这些相行为决定着高分子材料的实际性能及其加工工艺，因而共混体系的相分离是高分子物理最关心的基本问题之一。另外，理论上这一体系在介观尺度上的相行为可以类比于金属合金或简单溶液的相行为。由于高分子的特征弛豫时间远远大于金属原子或简单溶液的弛豫时间，因而可以不借助超快实验就能研究共混体系相分离的动力学。历史上正是高分子共混体系相分离动力学的研究验证了旋节线 (spinodal) 相分离的动力学理论。这里以最理想的高分子共混体系即二元共混物体系为例介绍相分离的基本实验现象；通过分析二元共混体系的 Flory-Huggins 热力学理论模型给出体系的相图，包括共存线 (即双节线 (binodal))、不稳定线 (即旋节线) 和临界点；以 Flory-Huggins 的热力学理论为基础，结合守恒序参量的演化方程给出一般的相分离动力学理论，分别讨论不稳定体系和亚稳定体系中相分离的动力学特性。

1.1　Flory-Huggins 理论

高分子共混体系的热力学性质通常用 Flory-Huggins 格子模型来描述 [1−3]。在这个模型中每个格子都被一个高分子 A 或 B 的有效链段所占据。体系的序参量为 A 链段的体积分数 $\phi=\phi_A$，其定义为分子链 A 占据的格子数与总格子数的比值。那么 B 的体积分数为 $\phi_B=1-\phi$。在格子上的两种高分子链分别被表示为 N_A 步和 N_B 步的随机行走。单位格点上的混合自由能 $f_{\text{F-H}}$ 可以由下式给出：

$$f_{\text{F-H}}=\left.\frac{\Delta F_M}{k_{\text{B}}T}\right|_{\text{site}}=\frac{\phi}{N_A}\ln\phi+\frac{1-\phi}{N_B}\ln(1-\phi)+\chi\phi(1-\phi) \tag{1.1}$$

上式中前两项表示混合物中两种高分子的平动熵，其形式同小分子溶液的形式相近，只是多了由于高分子特有的链状结构导致的修正因子 $1/N_A$ 和 $1/N_B$。由于 N_A 和 N_B 很大，因此高分子的平动熵远远低于小分子体系。第三项表示最近邻的两个链段 A 和 B 的平均场相互作用。事实上这里采用了随机混合近似，即忽略了近邻格点占据导致的关联。Flory-Huggins 相互作用参数 χ 的原始形式为不同链段间接触相互作用 ε_{ij} 的线性组合：

$$\chi = \frac{z-2}{k_{\mathrm{B}}T}\left[\varepsilon_{AB} - \frac{1}{2}\left(\varepsilon_{AA} + \varepsilon_{BB}\right)\right] \tag{1.2}$$

其中 z 为格子的配位数。因子 $z-2$ 是考虑到占据相邻的格子中的链段中有两个来自于同一条链。在实际应用当中，唯象的相互作用参数 χ 是通过 Flory-Huggins 理论拟合散射实验得到的。一般来讲，它依赖于 ϕ 和 N，但在理论处理当中通常忽略这些因素。式 (1.1) 给出了均匀混合体系的自由能。共混体系的相行为是平动熵和相互作用平衡的结果。上面说过高分子的平动熵远远低于小分子体系，这是由于把单体聚合在一起大大减少了将分子排布在体系中的方式，因而高分子体系更倾向于相分离。

在均匀的本体相中高分子链是满足高斯分布的理想链。此外在这个模型中还忽略了链的末端效应。需要特别指出的是，Flory-Huggins 理论是一个平均场的理论，因而体系要满足平均场理论的 Ginzburg 判据 ($|1-\chi/\chi_{\mathrm{c}}| \sim 1/N$，这里的 χ_{c} 是临界温度下的 χ)，以保证涨落效应是可以忽略的。当体系中高分子的聚合度很高时 ($N = 10^3 \sim 10^4$)，平均场失效的区域缩小为临界点附近很小的区域。因而一般来讲 Flory-Huggins 的平均场模型是高分子共混体系的一个很好的理论描述。

1.2 相图的确定

图 1.1 是根据式 (1.1) 画出的不同温度 (或者 χ) 下的 $f_{\text{F-H}}$。在较高温度时，自由能只有一个极小值，对应于均匀的单相。随着温度的降低逐渐出现两个极小值，此时系统倾向于发生相分离，分为两个浓度不同的相区。在单相和两相温度

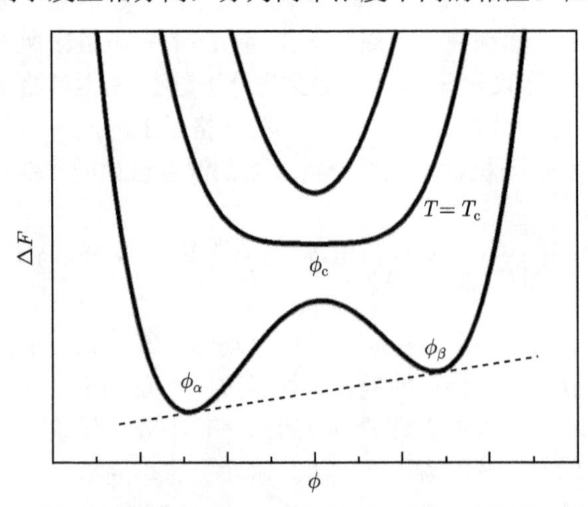

图 1.1 相图的确定：不同温度下的自由能曲线

之间有一个临界温度 T_c，对应两相刚刚出现的温度。需要指出的是，根据相平衡条件，两相的化学势相同，因而两相共存的浓度不总对应于自由能的极小值，而是对应于两个自由能谷的公切线 (如图 1.1 中虚线所示)。

根据这个办法通过遍历所有可能的温度可以确定共混体系的相图。相图主要展示了单相–两相区边界、单相不稳定边界以及临界性质。它们分别对应于相图上的双节线、旋节线和临界点。这些相行为可以通过自由能各阶偏导数来确定。

$$\text{双节线:}\quad \frac{f_{\text{F-H}}(\phi_\beta)-f_{\text{F-H}}(\phi_\alpha)}{\phi_\beta-\phi_\alpha}=\left.\frac{\partial f_{\text{F-H}}}{\partial\phi}\right|_{\phi_\alpha}=\left.\frac{\partial f_{\text{F-H}}}{\partial\phi}\right|_{\phi_\beta} \tag{1.3a}$$

$$\text{旋节线:}\quad \frac{\partial^2 f_{\text{F-H}}}{\partial\phi^2}=0 \tag{1.3b}$$

$$\text{临界点:}\quad \frac{\partial^3 f_{\text{F-H}}}{\partial\phi^3}=0 \tag{1.3c}$$

在给定温度 (也就是给定相互作用参数 χ) 下，通过自由能曲线的公切线方程可以给出此温度下两个共存相的浓度 ϕ_α 和 ϕ_β。在 χ-ϕ 图中 (图 1.2)，由不同 x 对应的 ϕ_α 和 ϕ_β 连成的曲线称为双节线。在双节线的外侧，均相混合物是稳定的，一般称为单相区；双节线内称为两相区。如果一个处于单相区的高分子共混体系在淬火条件下穿过双节线到达两相区，那么体系将发生相分离，产生 A 高分子富集相和 B 高分子富集相，A 高分子在两相中的浓度分别对应 ϕ_α 和 ϕ_β。在双节线和旋节线之间为亚稳区。这里均匀的单相混合物不再稳定，而是亚稳的。只有振幅足够大的涨落才能使系统变得不稳定，从而翻越 ϕ_α 和 ϕ_β 之间的势垒，使体系相分离为两种共存浓度为 ϕ_α 和 ϕ_β 的岛状相区，这种机制称为成核–生长机制。在旋节线内，均相的混合物变得极端不稳定。整个体系会自发地发生相分离，并形成两相互相穿插的双连续网络结构，这种机制称作旋节线相分离机制。旋节线相分离不需要翻越势垒，而且它是一个反扩散行为。

相图的具体形状受到混合体系中两种组分聚合度的影响。以临界点的位置为例，在相互作用参数 χ 与 ϕ 无关的情况下，相图上临界点的位置为

$$\phi_c=\frac{N_B^{1/2}}{N_A^{1/2}+N_B^{1/2}} \tag{1.4a}$$

$$\chi_c=\frac{\left(N_A^{1/2}+N_B^{1/2}\right)^2}{2N_AN_B} \tag{1.4b}$$

对于对称混合物 ($N_A=N_B$) Flory-Huggins 格子理论预言 $\chi_c=2/N$，也就是临界温度 T_c 正比于聚合度 N。这个结果已经被实验、理论 (重整化群) 和模拟验证。根据式 (1.3) 和式 (1.4) 可以画出高分子共混体系的相图，如图 1.2 所示。

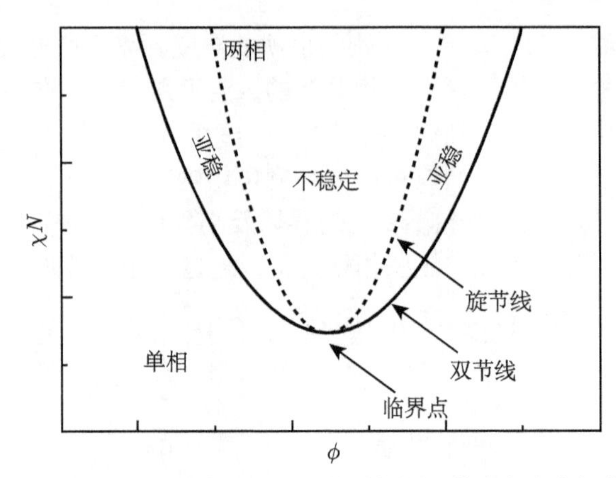

图 1.2　Flory-Huggins 理论确定的高分子共混体系相图，其中实线为代表相边界的双节线，虚线为不稳定区的边界旋节线

1.3　旋节线相分离和成核与生长

1.3.1　旋节线相分离的 Cahn-Hilliard 理论

1.2 节介绍了二元高分子共混体系的均匀相热力学理论。这一理论是用来描述无穷大均匀体系的热力学性质的。通过它可以确定均匀单相体系的稳定、亚稳定和不稳定的热力学条件，以及两个无穷大的共存相的浓度。本节要关注的是在相分离的动力学中，界面对于相分离动力学的影响。如在相图的亚稳区中临界核的形态及其生长和不稳定区中的旋节线相分离这样的问题中，两相界面的结构是不能被忽略的。因此有必要引入非均匀体系的热力学理论。这里我们首先介绍在弱不均匀近似下的 Cahn-Hilliard 理论 [4-7]。

如果一个不均匀体系中各处的浓度 $c(\boldsymbol{r})$ 仅仅稍稍偏离系统的平均值，并且浓度随空间位置的变化非常缓慢 ($\nabla c(\boldsymbol{r}) \to 0$)，那么体系的自由能可以展开为 ∇c 的级数形式。保留到二阶项贡献，其形式为 [4-7]

$$F = \int \left[f(c) + \kappa \left(\nabla c \right)^2 \right] \mathrm{d}V \tag{1.5}$$

$\kappa(\nabla c)^2$ 是由于体系浓度的不均匀而引起的额外自由能，其中 κ 为正定常数。把单位体积的自由能 $f(c)$ 在平均值 c_0 附近做泰勒展开

$$f(c) = f(c_0) + \frac{\partial f}{\partial c}(c - c_0) + \frac{1}{2}\frac{\partial^2 f}{\partial c^2}(c - c_0)^2 + \cdots \tag{1.6}$$

考虑到体系的平移不变性，上式的第二项贡献为零。结合式 (1.5) 和式 (1.6)，体系的自由能可以写为朗道形式：

$$\Delta F = F\left[c\right] - F\left[c_0\right] = \int \left[\frac{1}{2}\left(\frac{\partial^2 f}{\partial c^2}\right)\left(c - c_0\right)^2 + \kappa\left(\nabla c\right)^2\right]\mathrm{d}V \tag{1.7}$$

由此式可以看出，如果 $\partial^2 f/\partial c^2 > 0$，那么振幅足够小的涨落总会回到平均值，因而体系总是稳定或是亚稳定的。但是如果 $\partial^2 f/\partial c^2 < 0$，且有一个涨落能够使第一项起主导作用，那么体系将变得不稳定。在足够大的尺度上来看，这样的涨落总是存在的。

为理论研究方便起见，一般在体系的傅里叶空间而不是实空间进行讨论。由于各个傅里叶分量是彼此正交的，因而 ΔF 可以表示为涨落的各个傅里叶分量贡献之和。考虑某一个涨落分量：$A\cos(\beta x)$，它对自由能的贡献为

$$\frac{1}{4}VA^2\left[\frac{\partial^2 f}{\partial c^2} + 2\kappa\beta^2\right] \tag{1.8}$$

只要某个涨落的傅里叶分量具有足够大的波长或足够小的波数 β，那么它的出现总会导致自由能降低 ($\Delta F < 0$)。也就是说这时体系变得不再稳定，共混物会自发地发生相分离。根据式 (1.8) 容易求得最大的可使体系失稳的波数 β_{c}，

$$\beta_{\mathrm{c}} = \left(\frac{-\partial^2 f/\partial c^2}{2\kappa}\right)^{\frac{1}{2}} \tag{1.9}$$

通过求解扩散方程可以得到相分离早期的动力学性质。这里定义迁移率 M 为序参量扩散的流 $\boldsymbol{J}$ 与化学势梯度比值的相反数。即

$$\boldsymbol{J}_B = -\boldsymbol{J}_A = M\nabla(\mu_A - \mu_B) \tag{1.10}$$

由简单的热力学讨论我们可以知道，如果要求化学势梯度引起的自发扩散导致自由能降低，那么 M 必须为正数。上式中的化学势可以通过对朗道自由能求一阶变分导数给出

$$\mu_A - \mu_B = (\delta F/\delta c_A) - 2\kappa\nabla^2 c_A + \text{高次项} \tag{1.11}$$

如果仅关心相分离初期的演化行为，那么这里的高次项贡献可以忽略。把化学势形式代入流守恒方程 $\partial\phi/\partial t = -\nabla\cdot\boldsymbol{J}$，求导并保留一阶贡献，可以得到如下的扩散方程：

$$\frac{\partial c}{\partial t} = M\left(\frac{\partial^2 f}{\partial c^2}\right)\nabla^2 c - 2M\kappa\nabla^4 c \tag{1.12}$$

在弱不均匀情况下 ($\nabla c \to 0$)，这个扩散方程中起关键作用的是第一项，而 $\nabla^4 c$ 项贡献可以忽略。这样方程将具有如下形式：

$$\frac{\partial c}{\partial t} = D\nabla^2 c \tag{1.13}$$

其中 $\nabla^2 c$ 的系数 $D = M(\partial^2 f/\partial c^2)$ 可以理解为 c 的扩散系数。可以看出，在旋节点上扩散系数的符号将发生变化。

扩散方程 (1.12) 中代入单色波的形式：

$$c - c_0 = \exp\left[R(\beta)\, t\right] \cos(\beta r) \tag{1.14}$$

可解得 $R(\beta)$ 为

$$\begin{aligned} R(\beta) &= -M\left(\frac{\partial^2 f}{\partial c^2}\right)\beta^2 - 2M\kappa\beta^4 \\ &= 2\kappa\left(\beta_c^2\beta^2 - \beta^4\right) \end{aligned} \tag{1.15}$$

由此式可以看出，对于稳定区和亚稳区中所有模式 (波矢 β) 的增长因子 $R(\beta)$ 总为负，任何小的涨落都倾向于回到平均浓度，因而相分离不会自发发生 (Fick 定律)；而在旋节线内的不稳定区中，当 $\beta < \beta_c$ 时增长因子 $R(\beta)$ 总为正。这说明波长足够长的涨落则倾向于自发放大，因而在不稳定区中，体系在热涨落下倾向于发生自发的相分离。

推广上述关于相分离动力学的讨论到非均匀体系。从实空间上来看，体系中某处的扩散性质取决于这一位置的浓度 $c(\boldsymbol{r})$ 和过冷度是否在相图中旋节线内的不稳定区中。如果在旋节线内的不稳定区中，分子倾向于向各自的富集区域扩散，那么扩散将增大局域的不均匀度 ($\nabla c\uparrow$)，或者说使界面变得更陡；而不在这一不稳定区中时，分子会由浓度高的地方向浓度低的地方扩散，扩散将降低局域的不均匀度。

在旋节线内的不稳定区中涨落自发的放大不会一直延续下去，从上面的扩散方程来看有两个因素使得扩散停下来。一是当体系形成均匀的相区，并且其浓度为此过冷度下的共存浓度时相分离停止；二是方程 (1.13) 右边的扩散系数 D 总是负值，总是倾向于抹平浓度的不均匀。当体系不均匀度足够大时，或界面足够陡峭时，扩散方程第二项起主导作用，从而抑制这一位置扩散的进一步发生，直到这两个相互竞争的项平衡时扩散停止。$\nabla^4 c$ 项扩散系数的大小正比于 κ，而 κ 来自于自由能的二阶贡献，对于小分子体系主要是焓贡献，而高分子体系除了焓贡献外更重要的是构象熵贡献。这是由于界面上的高分子不再满足各向同性的高斯统计，而是在分子间的相互作用下发生了形变，这将导致构象熵的降低。界面上浓度梯度变大将进一步拉伸高分子，因而构象熵将阻碍界面变窄，和平动熵一同抑制相分离的发生。

通过简单的分析或 $R(\beta)$ 图可以看出增长因子是十分尖锐的单峰分布，如图 1.3 所示，其最大值为

$$R_\mathrm{m} = \frac{M}{8\kappa}\left(\frac{\partial^2 f}{\partial c^2}\right)^2 \tag{1.16}$$

对应的波矢 β_m 以及与截止波矢 β_c 之间的关系为

$$\beta_\mathrm{m} = \frac{\beta_\mathrm{c}}{\sqrt{2}} = \frac{1}{2}\left[-\frac{\partial^2 f/\partial c^2}{\kappa}\right]^{\frac{1}{2}} \tag{1.17}$$

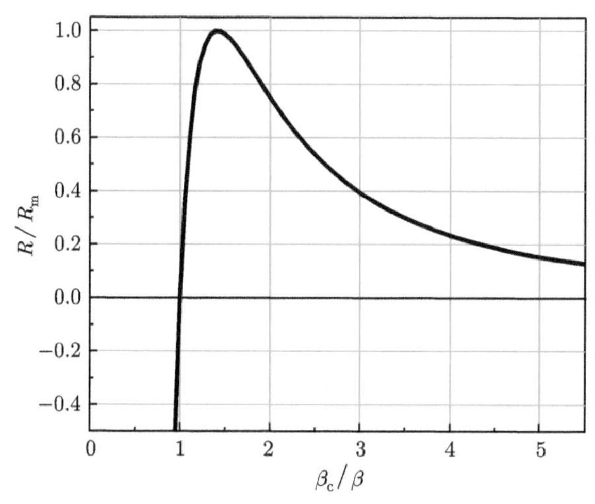

图 1.3 旋节线指数增长因子作为波数的函数。临界波数仅取决于体系的热力学参量；而增长因子的极大值则还依赖于分子的动力学因素，即迁移率 M

由于浓度 c 满足的扩散方程是关于 c 的齐次线性方程，因而其解的线性叠加也是这个方程的解：

$$c - c_0 = \sum_\beta \exp\left[R\left(\beta\right)t\right]\left[A\left(\beta\right)\cos\left(\beta r\right) + B\left(\beta\right)\sin\left(\beta r\right)\right] \tag{1.18}$$

其中 A 和 B 可以通过 $t=0$ 时刻初始浓度分布的傅里叶分析得到。因为各个模式的涨落在某一时刻 t 的振幅都是 $R(\beta)$ 的以 e 为底的指数函数，因而可以仅保留 $R(\beta)$ 的最大值 R_m 的贡献，而忽略其他所有的模式 [6–8]。这样

$$c - c_0 \approx \exp\left[R_\mathrm{m}t\right]\sum_\beta\left[A\left(\beta\right)\cos\left(\beta r\right) + B\left(\beta\right)\sin\left(\beta r\right)\right] \tag{1.19}$$

由此看来旋节线相分离的生长模式表现为波长不变，而振幅不断增强。体系中界面两侧的浓度从平均浓度向增加和减少两个方向逐渐变化。旋节线相分离不同于成核–生长机制的相分离，其在相分离初期，相区的尺寸几乎不变，而浓度差逐渐变大，同时界面上浓度的梯度逐渐变大。这也暗示着旋节线相分离早期过程中高分子链单体浓度的扩散主要局限在界面附近，特别是界面逐渐变得陡峭意味着这一过程主要涉及高分子链的拉伸。

对于相分离刚刚开始的某个时刻，共混体系的浓度分布可以理解为具有相同波长 $1/\beta_{\mathrm{m}}$ 的正弦波形线性叠加而成，且这些正弦波的传播方向、相位和振幅都是随机的。Cahn 的原始文献中就随机产生了 100 个相同波长的正弦波形，做简单的叠加即可再现旋节线相分离特有的双连续相结构 [8]。这也说明了旋节线相分离中两相互相贯穿的双连续网络结构来自于单一模式 β_{m} 主导的生长机制。特别是如果在受限体系或有序结构中发生旋节线相分离，那么体系中可以存在涨落模式的相位、取向以及振幅可能就不再是随机的，而且部分模式的波长也会受到限制。这样某一特定的模式会被放大出来从而形成新的有序结构，这方面的工作可以参考文献 [9] $\sim$ [12]。

对于旋节线相分离早期的动力学特征，Cahn 的线性理论已经可以很好地描述了。在旋节线相分离的中后期，当相区中心的浓度已经达到此过冷度下的共存浓度时，旋节线相分离初期的涨落振幅按 e 指数增长的特征消失，取而代之的是相区的逐渐粗化。粗化过程主要表现为两个阶段：首先是双联的网络结构的粗化，并逐渐松弛、断裂、融合从而形成岛状结构；进一步，岛状结构的尺寸逐渐增大，这一过程满足与亚稳区中相区生长相似的动力学规律 [13−16]。对于旋节线相分离中后期的理论计算，Cahn 采用的把动力学方程线性化的方法已经不能满足要求了。特别是在这一时期，长波主导的旋节线相分离扩散已经停止，而短波的演化对相区生长起关键性作用。并且线性关系 $R(\beta)$ 不再是一个具有最大增长模式主导的演化，而是缓变地依赖于 β。因而解析的理论研究要引入窄界面近似 [17]，而在数值求解动力学方程中则要选用更小的网格。这部分内容详见第 4 章中的讨论。还需要特别指出的是在旋节线相分离中后期，从小尺度上来看体系不再是各向同性的。垂直于界面方向与平行于界面方向的动力学性质截然不同并且相互影响，所以关于这一时期的理论或模拟研究一般不能在一维空间中进行。

1.3.2 成核–生长的 Gibbs 经典理论以及 Cahn 密度泛函理论

Gibbs 在用他的热力学理论讨论相的稳定性时，考虑了两种无穷小涨落导致相稳定性破坏的机制 [6,7,18]。第一种是涨落的尺寸无穷大而涨幅很小。如果体系对于这样一个浓度涨落很小而影响体积很大的扰动是不稳定的，那么体系将不需要越过任何势垒而连续地变化为更稳定的两相。Gibbs 用热力学理论给出了这种不稳定性的必要条件，即摩尔 Gibbs 自由能对浓度的二阶偏导 $(\partial^2 G/\partial c^2)_{T,P} < 0$。因而可以把 $(\partial^2 G/\partial c^2)_{T,P} = 0$ 定义为不稳定的边界，也就是旋节线相分离点。第二种是涨落的幅度很大，中央浓度接近共存浓度，但涨落的区域很小。如果形成这个小区域导致自由能增加，那么此时均匀的本体对于小振幅涨落是稳定的；而对于振幅大的涨落，则体系变得不稳定。在这两个极限之间有一个临界的涨落尺寸，称之为临界核。这时在界面的帮助下核内外两相维持平衡。对于小于临界核的涨落会逐渐消失，体系回到亚稳的平均浓度上；而对于大于临界核的涨落，在不需要外界的干预下会持续地增长。Gibbs 认为在临界核这样小的体系内没有一处会是均匀的，但是他给出的成核–生长的经典模型却是通过一个阶梯状的陡峭界面把内部浓度均匀的核与外面分开。选择这样简单模型的原因是可以通过均匀相的热力学原理来定量描述成核势垒。例如，根据各组分在整个体系各相中的化学势相等这一相平衡原理，可以唯一地确定均相临界核的浓度 ϕ_n 和压强 P_n。核内外的压强差 ΔP 等于在 ϕ_n 和 P_n 下形成单位体积的均匀核所降低的自由能。

为了保证核内外的力学平衡，临界核的半径 r 必须满足

$$\Delta P = 2\sigma/r \tag{1.20}$$

这里的 σ 为表面张力。如果涨落尺寸大于 r，则表面所产生的压强差将不足以阻碍核的膨胀，核会不断地长大；如果涨落尺寸小于 r，则表面所产生的压强差将使核收缩。根据这些讨论，Gibbs 得到了如下形成临界核的最小功表达式：

$$W = 4\pi r^2\sigma - (4\pi/3)\, r^3\Delta P = (4\pi/3)\, r^2\sigma \tag{1.21}$$

在后面的讨论中我们把 Gibbs 的这一套处理方案称为成核–生长的经典理论。在这个理论中的表面张力 (为常数) 被定义为两个无穷大共存相间平面界面的界面张力；ΔP 是保证均匀成核与外界力学平衡所增加的压强。但是，这一套理论只有在 ΔP 趋于零的时候才是严格正确的。当 ΔP 为有限大小时，这一套经典方程无异于是半径 r 和表面张力 σ 的定义式，即将未知的物理量定义为均匀热力学原理可确定的量的表达式。Gibbs 深知这一表述的局限，但他更关心的是如何建立模型使得 W 的符号可以为正，以保证在亚稳体系中新相存在的不稳定性。因此他仅得出合理的定性结论，而没有进一步发展合理的定量理论方法。

Gibbs 的经典理论忽略了界面结构的均相理论，它不能预言亚稳定性与临界核的定量关系，但临界核的形成能力却直接反映了混合物的亚稳定性。这意味着有必要发展相关理论以准确、定量地确定亚稳定度 W。因此关键在于合理地给出多相体系的不均匀理论。1.3.1 节介绍了 Cahn 在弱不均匀近似下把自由能写成浓度随空间分布函数的泛函 (密度泛函)，见公式 (1.7)，从而建立了可以描述不均匀体系的热力学理论 [4,5]。在处理临界核问题这样的非均匀体系时不必再把自由能人为地分为表面相的贡献和本体相的贡献。此外我们还介绍了 Cahn 基于这个理

论研究了不稳定混合物旋节线相分离的动力学特征 [8]，事实上，现在这一套理论已经被广泛地应用于相转变动力学的理论研究。

这一理论首先假设体系浓度随空间位置的变化率远远小于分子间距的倒数，这一假设给定了 Cahn 理论在较大尺度上或小波数情况下是适用的。另外假设浓度 ϕ 和它的梯度 $\nabla\phi$ 是相互独立的变量，当 $\nabla\phi$ 趋于零时，单个分子的自由能密度可以展开为

$$f\left[\phi, \nabla\phi, \cdots\right] = f_0\left(\phi\right) + \kappa'\nabla\phi + \kappa\left(\nabla\phi\right)^2 + \cdots \tag{1.22}$$

考虑到体系的各向同性，上式第二项系数 κ' 应为零，而 $\kappa = \delta^2 f\ (\delta|\nabla\phi|)^2$。那么体系的总自由能可以表示为

$$F = N\int_V f\mathrm{d}V = N\int_V \left\{f_0\left[\phi\right] + \kappa\left(\nabla\phi\right)^2\right\}\mathrm{d}V \tag{1.23}$$

此式为 Cahn 理论的核心内容。它表明了非均匀混合物的局域自由能来自两方面的贡献：一是单位体积在均匀相时的自由能；另一部分则是单位体积的“梯度能”，且两部分贡献都是密度 ϕ 的泛函。

在亚稳定的混合物中，初始时能够使体系变得不稳定的涨落通过无穷多条路径成长为稳定的相，但是在成核、生长理论中人们只关心那些跨越最低自由能垒的路径 [6,7,18]。这样能垒的顶点是一个鞍点，此时的涨落即为临界核。在临界核附近的小区域内体系是平衡的 (不稳定平衡)，因为自由能对于这一区域中任意一点的浓度涨落都是不变的 (一阶泛函导数为零)，这样我们可以通过对上述自由能取一阶泛函导数给出临界核的形态。此外，还必须考虑到体系的不可压缩性

$$\int_V \phi\mathrm{d}V = 1 \tag{1.24}$$

这样，欧拉方程可以写为

$$2\kappa\nabla^2\phi + \frac{\partial\kappa}{\partial\phi}\left(\nabla\phi\right)^2 = \frac{\partial f_0}{\partial\phi} + \eta \tag{1.25}$$

这里 η 为保证不可压缩条件而引入的拉格朗日乘子。同经典理论的处理相同，这里假设我们考虑的本体系统有足够大的体积。这使得形成临界核不会改变本体浓度，此时 η 与 $-\left(\partial f_0/\partial\phi\right)_{\phi=\phi_0}$ 是等价的。上式改写为

$$2\kappa\nabla^2\phi + \frac{\partial\kappa}{\partial\phi}\left(\nabla\phi\right)^2 = \frac{\partial f_0}{\partial\phi} - \left(\frac{\partial f_0}{\partial\phi}\right)_{\phi=\phi_0} \tag{1.26}$$

在合适的边界条件下求解此方程即可以得到临界核形态。

接下来我们计算生成临界核所做的功 W，即体系的亚稳定性。其定义为形成的临界核自由能相对于均匀本体自由能的变化

$$W=\int_V\left[f[\phi]-f[\phi_0]+\kappa(\nabla\phi)^2\right]\mathrm{d}V \tag{1.27}$$

这里的 ϕ 要满足欧拉方程。在弱不均匀近似 $(\nabla\phi\to 0)$ 下，这里可以把 f 在平均浓度 ϕ_0 附近展开

$$\Delta f=f[\phi]-f[\phi_0]-(\phi-\phi_0)\left(\frac{\delta f}{\delta\phi}\right)_{\phi=\phi_0} \tag{1.28}$$

代入式 (1.26) 中

$$W=\int_V\left[\Delta f+\kappa(\nabla\phi)^2\right]\mathrm{d}V \tag{1.29}$$

$$2\kappa\nabla^2\phi+\left(\frac{\partial\kappa}{\partial\phi}\right)(\nabla\phi)^2=\frac{\partial f_0}{\partial\phi} \tag{1.30}$$

这个方程组即为 Cahn 的非经典临界核理论。考虑临界核的各向同性，上述方程的空间变量只与矢径长度 r 有关：

$$\begin{aligned}&W=4\pi\int_0^\infty\left[\Delta f+\kappa\left(\frac{\mathrm{d}\phi}{\mathrm{d}r}\right)^2\right]r^2\mathrm{d}r\\&2\kappa\frac{\mathrm{d}^2\phi}{\mathrm{d}r^2}+\frac{4\kappa}{r}\frac{\mathrm{d}\phi}{\mathrm{d}r}+\frac{\partial\kappa}{\partial\phi}\left(\frac{\mathrm{d}\phi}{\mathrm{d}r}\right)^2=\frac{\partial\Delta f}{\partial\phi}\end{aligned} \tag{1.31}$$

选取合理的边界条件，即在临界核中央和无穷远处浓度的一阶导数为零，且在无穷远处浓度回到亚稳定的本体相值 ϕ_0：

$$\begin{aligned}&\left.\frac{\mathrm{d}\phi}{\mathrm{d}r}\right|_{r=0,\infty}=0\\&\phi|_{r=\infty}=\phi_0\end{aligned} \tag{1.32}$$

结合方程 (1.31) 和 (1.32) 即可以求解临界核形貌。

参 考 文 献

[1] Doi M. Introduction to Polymer Physics. Oxford: Oxford University Press, 1996.

[2] Rubinstein M, Colby R H. Polymer Physics. Oxford: Oxford University Press, 2003.

[3] Budkowski A. Interfacial Phenomena in Thin Polymer Films: Phase Coexistence and Segregation. Berlin：Springer-Verlag, 1999, 148: 1-111.

[4] Cahn J W, Hilliard J E. Free energy of a nonuniform system. I. Interfacial free energy, J. Chem. Phys., 1958, 28(2): 258-267.

[5] Cahn J W. Free energy of a nonuniform system. Ⅱ. Thermodynamic basis. J. Chem. Phys., 1959, 30(5): 1121-1124.
[6] Chaikin P M, Lubensky T C. Principles of Condensed Matter Physics. Cambridge: Cambridge University Press, 1995.
[7] Papon P, Leblond J, Meijer P H E. The Physics of Phase Transitions. New York: Springer, 2002.
[8] Cahn J W. Phase separation by spinodal decomposition in isotropic systems. J. Chem. Phys., 1965, 42(1): 93-99 .
[9] Yeung C, Shi A C, Noolandi J, et al. Anisotropic fluctuations in ordered copolymer phases. Macromol. Theory Simul., 1996, 5(2): 291-298.
[10] Shi A C, Noolandi J, Desai R C. Theory of anisotropic fluctuations in ordered block copolymer phases. Macromolecules, 1996, 29(20): 6487-6504 .
[11] Miao B, Yan D D, Han C C, et al. Effects of confinement on the order-disorder transition of diblock copolymer melts. J. Chem. Phys., 2006, 124(14): 144902.
[12] Miao B, Yan D D, Wickham R A, et al. The nature of phase transitions of symmetric diblock copolymer melts under confinement. Polymer, 2007, 48(14): 4278-4287.
[13] Siggia E D. Late stages of spinodal decomposition in binary mixtures. Phys. Rev. A, 1979, 20(2): 595.
[14] Petschek R, Metiu H. A computer simulation of the time-dependent Ginzburg-Landau model for spinodal decomposition. J. Chem. Phys., 1983, 79(7): 3443-3456.
[15] Chakrabarti A, Toral R. Late stages of spinodal decomposition in a three-dimensional model system. Phys. Rev. B, 1989, 39(7): 4386-4394.
[16] Muratov C B. Unusual coarsening during phase separation in polymer systems. Phys. Rev. Lett., 1998, 81(17): 3699.
[17] Eldel K R, Grant M, Provatas N, et al. Sharp interface limits of phase-field models, Phys. Rev. E, 2001, 64(2 Pt 1): 021604.
[18] Gibbs J W. The Collected Works of J. Willard Gibbs. Yale University Press, 1948.
[19] Cahn J W, Hilliard J E. Free energy of a nonuniform system. Ⅲ. Nucleation in a two-component incompressible fluid. J. Chem. Phys., 1959, 31(3): 688-699.

第 2 章　高分子体系的场论描述

前述的 Flory-Huggins 模型是讨论无穷大高分子共混体系相分离的热力学理论。然而在考虑到旋节线相分离和成核、生长相分离的问题时则要关注有限体积中非均匀的性质，特别是界面附近的性质尤为重要，因而有必要引入新的理论来描述不均匀体系。直接的办法是把序参量变为空间位置的函数，同时自由能和相关的热力学量就变为序参量的泛函。前面的 Cahn 理论也正是从唯象角度出发给出不均匀体系的朗道自由能 (密度泛函)。本章从微观的高分子链模型出发构造精确的自由能泛函，讨论如何求解这个场论描述的自由能泛函——自洽平均场理论和高斯涨落理论，并在引入弱不均匀近似后得出包含分子链构象信息的 Flory-Huggins-de Gennes 形式的朗道自由能。

2.1　高分子链热力学的理论描述

相互作用多体系统的统计理论是从理想气体出发，把粒子间的相互作用归结为作用在理想气体上的场。通过研究在外场下理想气体的统计性质来描述相互作用多体系统。相互作用的多链高分子体系也是利用相似的方案来研究的。首先考虑理想系统，即忽略同一条链上和不同链上单体之间的长程相互作用, 而仅考虑键连接带来的相邻单体间的约束。满足这一要求的模型称为理想链模型。通过考察这种理想链在外势场中构象的统计行为可以来研究相互作用多链体系的热力学性质。为了描述不同特性的高分子链可以引入不同的理想链模型，如最简单的自由连接链模型，描述柔性高分子的高斯链模型，考虑了链刚性的蠕虫链模型，以及描述有螺旋构象的螺旋蠕虫链模型，等等。

高分子的特点是聚合度非常大 ($N \to \infty$)，因而单个高分子链上的单体即可以构成一个热力学系统。链的不同构象状态对应于众多单体的不同位形，所以链的所有构象状态构成了系综。因而在不考虑有限链长或是链局域性质时高分子总可以用统计物理的方法进行很好的描述。下面就基于这个考虑来讨论柔性单链体系的构象统计性质。

2.1.1　高斯链模型

高斯链模型主要用于描述柔性高分子链的构象统计。事实上根据中心极限定理，对于聚合度趋于无穷大的高分子链，总可以用高斯链模型来描述 [1−3]。因而高斯链模型对于介观尺度上的现象描述是很准确的。这里我们直接给出高斯链模型，而不具体讨论如何引入这个模型以及它和半柔性链模型之间的关系。考虑一个用 N 个弹簧连接起来的 $N+1$ 个珠子构成的粗粒化理想链。如果弹簧势为 $h(x)=3k_{\mathrm{B}}Tx^2/2b^2$，其中 b 为 Kuhn 长度，那么这个珠簧链某一个构象状态出现的概率密度为

$$P_0\left(\boldsymbol{b}^N\right)=\frac{1}{V}\prod_{i=1}^{N}\frac{\exp\left[-\beta h\left(\left|\boldsymbol{b}_i\right|\right)\right]}{\displaystyle\int \mathrm{d}\boldsymbol{b}_i\exp\left[-\beta h\left(\left|\boldsymbol{b}_i\right|\right)\right]} \tag{2.1}$$

可以定义约化的概率密度 $P_0(\boldsymbol{r},j)$ 为在位置 $\boldsymbol{r}$ 处发现高分子链上第 j 个单体的概率。由于在高斯链模型中相邻的两个弹簧的行为是不相关的，因而描述链连接随机过程特性的约化概率密度 $P_0(\boldsymbol{r},j)$ 满足 Chapman-Kolmogorov 方程

$$P_0\left(\boldsymbol{r},j\right)=\int \mathrm{d}\boldsymbol{b}_j\varPhi\left(\boldsymbol{b}_j,\boldsymbol{r}-\boldsymbol{b}_j\right)P_0\left(\boldsymbol{r}-\boldsymbol{b}_j,j-1\right) \tag{2.2}$$

这里的 $\varPhi(\boldsymbol{b}_j;\boldsymbol{r}-\boldsymbol{b}_j)$ 为归一化的条件概率密度。在无外场条件下这个函数不依赖于初始和结束的具体位置。事实上条件概率密度 $\varPhi$ 反映了弹簧键的位移满足高斯概率分布，其形式可以表示为

$$\varPhi\left(\boldsymbol{b}_j,\boldsymbol{r}-\boldsymbol{b}_j\right)=\varPhi\left(\boldsymbol{b}_j\right)=\frac{\exp\left[-\beta h\left(\left|\boldsymbol{b}_i\right|\right)\right]}{\displaystyle\int \mathrm{d}\boldsymbol{b}_i\exp\left[-\beta h\left(\left|\boldsymbol{b}_i\right|\right)\right]}=\left(\frac{3}{2\pi b^2}\right)^{3/2}\exp\left(-\frac{3\left|\boldsymbol{b}_j\right|^2}{2b^2}\right) \tag{2.3}$$

2.1.2　路径积分表述

2.1.1 节给出了高斯链模型的离散表示，然而对于解析或数值分析来讲，连续的高斯链模型则更为方便。即认为粗粒化的高分子不再是离散的珠簧链，而是连续的沿链的方向 s 有线性弹性的无结构细线 [3−7]。这样链的构象可以用一条空间曲线 $\boldsymbol{r}(s)$ 来描述，即表示某一单体 s 处于空间位置 $\boldsymbol{r}$ 上。这里 $s\in[0,N]$ 为沿链方向的周线变量，它不描述链的长度或长度变化，而只是一个参数。空间某处链的弹性能量可以表示为链上线性弹性势能的积分

$$U_0\left[\boldsymbol{r}(s)\right]=\frac{3k_{\mathrm{B}}T}{2b^2}\int_0^N \mathrm{d}s\left|\frac{\mathrm{d}\boldsymbol{r}\left(s\right)}{\mathrm{d}s}\right|^2 \tag{2.4}$$

式中的中括号表示 U_0 为高分子链空间构象 $\boldsymbol{r}(s)$ 的泛函。$\mathrm{d}\boldsymbol{r}(s)/\mathrm{d}s$ 为 $\boldsymbol{r}$ 处链上 s 位置的局域拉伸。这里不包含链的取向信息，只是关心它的拉伸量的模。实际上总可以把高分子的构象等效于布朗粒子随机行走经过的路径，这种模型的对比将有益于我们理解不同情况下的高分子构象状态。对于高斯链模型相当于在布朗粒

子的扩散问题中我们只关心了布朗粒子在各个时刻的位置和速率，而不关心它们的即时速度方向，因而这个模型中高分子链的构象只与高分子各个单体的位置有关，这对于序参量 ϕ 仅是空间位置函数的柔性高分子体系来讲是非常好的理论描述。方程 (2.4) 给出的势能形式通常被称为 Edwards 哈密顿量。根据这个能量形式，无外场下的理想单链配分函数可以写为

$$Z_0 = \int D\{\boldsymbol{r}(s)\} \exp\left(-\beta U_0 [\boldsymbol{r}]\right) \tag{2.5}$$

$\int D\{\boldsymbol{r}(s)\}$ 表示对所有构象 $\boldsymbol{r}(s)$ 的泛函积分，也叫路径积分。

正是因为高分子链构象与布朗粒子扩散行为的等价性，我们总可以用扩散方程来描述高分子的构象状态。另外，参考量子力学中路径积分与薛定谔方程的关系，也可以从 Chapman-Kolmogorov 方程出发导出高分子链构象满足的微分方程。这个方程对于解析和数值研究高分子体系的物理性质是十分有帮助的。具体办法是把 Chapman-Kolmogorov 左侧对周线变量 s 作泰勒展开，并保留一级贡献，从而给出概率密度函数 P_0 对 s 的依赖关系。同时把方程右侧按空间位置 $\boldsymbol{r}$ 展开，保留二级贡献，这给出了 P_0 对 $\boldsymbol{r}$ 的依赖。做适当的整理可以得出描述链构象的 Fokker-Planck 方程

$$\frac{\partial}{\partial s} P_0(\boldsymbol{r}, s) = \frac{b^2}{6} \nabla^2 P_0(\boldsymbol{r}, s) \tag{2.6}$$

在高分子表面、界面问题中需要引入非均匀体系的热力学。其中要涉及计算高分子在非均匀外场下的形变引起的构象熵的变化。根据上面的方案可以很容易地找出有外场的情况下描述理想链构象的传播子 $q(\boldsymbol{r}, s; [\omega])$ 满足的方程

$$\frac{\partial}{\partial s} q(\boldsymbol{r}, s; [\omega]) = \frac{b^2}{6} q(\boldsymbol{r}, s; [\omega]) - \omega(\boldsymbol{r})\, q(\boldsymbol{r}, s; [\omega]) \tag{2.7}$$

这里的 $q(\boldsymbol{r}, s; [\omega])$ 为一端积分的传播子，其满足的初始条件为 $q(\boldsymbol{r}, 0; [\omega]) = 1$。

如前所述，高分子链的构象可以等价于布朗粒子的扩散路径，如果对所有可能的路径作积分即可以给出高分子链构象系综的配分函数

$$Q[\omega] = \frac{1}{V} \int \mathrm{d}\boldsymbol{r} q(\boldsymbol{r}, N; [\omega]) = \frac{1}{V} \int \mathrm{d}\boldsymbol{r} q(\boldsymbol{r}, N - s; [\omega])\, q(\boldsymbol{r}, s; [\omega]) \tag{2.8}$$

这就是柔性高分子的路径积分描述。事实上这种路径积分描述可以推广到其他的理想链模型，例如，对具有一定刚性链的蠕虫链模型。为了表述其具有半刚性的特点，需要在模型的 Edwards 哈密顿量中引入一个与分子键取向耦合的外场。对照扩散问题，这相当于布朗粒子有一个平均速度。这样就可以定量地给出半刚性链的持续长度以及链的择优取向。

在实际求解扩散方程 (2.7) 时，还应该合理地给出边界条件。事实上这个扩散方程与量子力学中的薛定谔方程在形式上十分相似，不同之处仅在于一阶偏导数项的系数上相差一个虚数单位 i，因此也可以把这个扩散方程视为虚时间的薛定谔方程。这样在量子力学中发展起来的计算方案都可以应用到高分子构象的研究中。例如，利用微扰方法可以在弱不均匀近似下解析求解上述方程。如果有

$$\omega(\boldsymbol{r})=\omega_0+\varepsilon\overline{\omega}(\boldsymbol{r}) \tag{2.9}$$

当 ε 为足够小的常数，且

$$\int\omega(\boldsymbol{r})\,\mathrm{d}\boldsymbol{r}=0 \tag{2.10}$$

则传播子可写为

$$q(\boldsymbol{r},s)=\sum_{j=0}^{\infty}\varepsilon^j q^{(j)}(\boldsymbol{r},s) \tag{2.11}$$

由于 (2.10) 式的要求 (平移不变性)，所以一次项贡献为零，仅保留前两项贡献代入到 (2.8) 式中可得配分函数

$$Q[\omega]=\frac{1}{V}\int\mathrm{d}\boldsymbol{r}q(\boldsymbol{r},N;[\omega])=\mathrm{e}^{-\omega_0 N}\left[1+\frac{\varepsilon^2N^2}{2V^2}\sum_k g_{\mathrm{D}}\left(k^2R_g^2\right)\omega(\boldsymbol{k})\,\omega(-\boldsymbol{k})\right] \tag{2.12}$$

其中 $g_{\mathrm{D}}(x)$ 为德拜函数，它的形式为

$$g_{\mathrm{D}}(x)=\frac{2}{x^2}\left[\exp(-x)+x-1\right] \tag{2.13}$$

在更一般的情况下，方程 (2.7) 要通过数值方法来精确求解。常用的方案包括有限差分方法、谱方法以及最新发展起来的赝谱方法 [3]。有限差分方法是把实空间离散化，而谱方法则是在倒空间离散化。因而有限差分方法对于研究复杂边界条件以及特殊坐标系下的问题有突出的优势；而对于研究具有周期性结构或者如旋节线相分离这种可以用单模近似来表征的过程时，用谱方法是十分方便的。特别需要指出的是，目前最有应用前景的是赝谱方法，这种方法是在实空间和倒空间取相同数目的代表点，通过快速傅里叶变换把它们联系起来。从方程 (2.7) 右侧可以看出算符 ∇^2 在倒空间是局域的，而 $\omega(\boldsymbol{r})$ 在实空间是局域的，所以可以分别在倒空间和实空间用这两个算符演化，从而使得上述微分方程化为代数方程来计算，如下所示

$$q(\boldsymbol{r},s+\Delta s)=\mathrm{e}^{\frac{\Delta sL^{\omega}}{2}}F^{-1}\left\{\mathrm{e}^{\frac{\Delta sL^{c}}{2}}F\left[\mathrm{e}^{\frac{\Delta sL^{\omega}}{2}}q(\boldsymbol{r},s)\right]\right\} \tag{2.14}$$

其中 $L^{\omega}=\omega(\boldsymbol{r})$；$L^{c}=\nabla^2$。在大体系中如果把整个体积分为几个部分分别计算，那么这种仅和局域性质有关的计算方案由于不需要考虑不同部分间的联系，因而十分有利于并行计算的实现。

2.2 高分子共混体系的场论描述

2.2.1 场论的构造

对于相分离的两相界面、纳米复合物表面等高分子共混的表面或界面问题需要引入非均匀体系的热力学理论来描述。这里我们给出如何用场论的办法处理相互作用多链非均匀体系的统计问题。同小分子的多体理论相似，配分函数中粒子间相互作用项的非局域性使位形空间的积分变得十分困难。解决的办法是通过引入外场 $\mu_{\pm}$，把所有其他粒子对某个粒子的相互作用等效于这两个外场。形式上把相互作用项变为密度和外场的局域耦合。这样的处理可以使得耦合的两体相互作用转化为可以处理的在外场中孤立单体的问题 (外场中理想气体)。在高分子体系中，则对应于外场中的理想链。这样借助 2.1.2 节给出的外场中路径积分描述写出理想链的构象熵，从而可以构造包含高分子链状结构信息的非均匀体系的自由能。图 2.1 给出了这一过程的示意。这里自由能仅是涨落场 $\mu_{\pm}$ 的泛函，任何感兴趣的热力学量都可以通过对涨落场的系综平均来求得。下面以柔性高分子的高斯链模型为例在巨正则系综中给出相互作用高分子共混体系的场论处理 [3−7]。

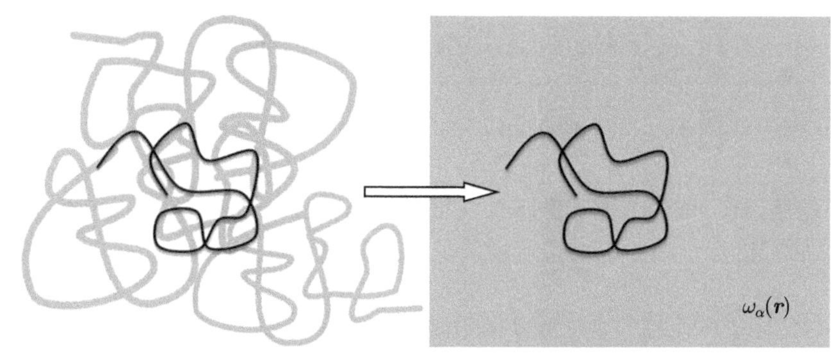

图 2.1 泛函积分方法可以把相互作用多链体系问题归结为涨落场中的理想链问题

这里考虑由 n_A 条 A 高分子、n_B 条 B 高分子组成的二元混合的熔体体系。我们假定这两种高分子具有相同的单体体积 v 和聚合度 N。首先定义微观的单体密度算符

$$\widehat{\rho}_\alpha(\boldsymbol{r})=\sum_{n_\alpha}\int \mathrm{d}s\delta\left[\boldsymbol{r}-\boldsymbol{r}(s)\right] \tag{2.15}$$

其中 $\alpha=A,B$。借助这个密度算符表达式，体系的巨配分函数可以写为

$$\Xi=\sum_{n_A}\exp\left(\mu_A n_A\right)\frac{z_A^{n_A}}{n_A!}\sum_{n_B}\exp\left(\mu_B n_B\right)\frac{z_B^{n_B}}{n_B!}$$

$$\times \prod_{i=1}^{n_A}\prod_{j=1}^{n_B}\int D\left\{R_A^i(s)\right\}D\left\{R_B^j(s)\right\}P_A\left\{R_A^i(s)\right\}P_B\left\{R_B^j(s)\right\}$$
$$\times \prod_{\boldsymbol{r}}\delta\left(\widehat{\rho}_A+\widehat{\rho}_B-\rho_0\right)\exp\left(-\frac{\chi}{\rho_0}\int \mathrm{d}\boldsymbol{r}\widehat{\rho}_A(\boldsymbol{r})\widehat{\rho}_B(\boldsymbol{r})\right) \tag{2.16}$$

式中，$z_\alpha^{n_\alpha}$ 为配分函数中所有 α 高分子在整个动量空间的积分，它等于德布罗意热波长三次方的倒数；符号 $\int D\{\cdots\}$ 表示对链上所有单体在位形空间的积分；配分函数中引入 δ 函数来保证体系的不可压缩性；P_α 表示单个高分子中链连接性的约束对能量的贡献 (构象)，它的具体形式取决于理论选取的理想链模型。这里我们以高斯链模型为例推导柔性链体系的场论表述。为方便起见，我们定义新的微观密度算符

$$\widehat{\rho}_\pm(\boldsymbol{r})=\widehat{\rho}_A(\boldsymbol{r})\pm\widehat{\rho}_B(\boldsymbol{r}) \tag{2.17}$$

这样巨配分函数可以重新表示为

$$\varXi=\sum_{n_A}\exp(\mu_A n_A)\frac{z_A^{n_A}}{n_A!}\sum_{n_B}\exp(\mu_B n_B)\frac{z_B^{n_B}}{n_B!}$$
$$\times \prod_{i=1}^{n_A}\prod_{j=1}^{n_B}\int D\left\{R_A^i(s)\right\}D\left\{R_B^j(s)\right\}P_A\left\{R_A^i(s)\right\}P_B\left\{R_B^j(s)\right\}$$
$$\times \prod_{\boldsymbol{r}}\delta\left(\widehat{\rho}_+-\rho_0\right)\exp\left(-\frac{\chi}{4\rho_0}\int \mathrm{d}\boldsymbol{r}\left[\rho_0^2-\widehat{\rho}_-^2(\boldsymbol{r})\right]\right) \tag{2.18}$$

我们通过泛函的傅里叶变换引入类似压强的外场 $\mu_+(\boldsymbol{r})$ (如方程 (2.19) 所示)，从而把位形空间中的约束用场的泛函积分表示出来

$$\prod_{\boldsymbol{r}}\delta\left[\widehat{\rho}_+-\rho_0\right]=\int D[\mu_+]\exp\left(\int \mathrm{d}\boldsymbol{r}\mu_+\left[\widehat{\rho}_+-\rho_0\right]\right) \tag{2.19}$$

此外巨配分函数 (2.18) 的最后一行相互作用项还是依赖于位形的积分，我们通过 Hubbard-Stratonovich 变换把这些位形依赖的相互作用项 (密度算符的耦合项) 转化为场 μ_- 的泛函积分：

$$\exp\left[-\frac{\chi}{4\rho_0}\int \mathrm{d}\boldsymbol{r}\left(\rho_0^2-\widehat{\rho}_-^2\right)\right]$$
$$=\frac{1}{\sqrt{\pi\chi}}\exp\left(-\frac{\chi}{4}\right)\int D[\mu_-]\exp\left[\int \mathrm{d}\boldsymbol{r}\left(\widehat{\rho}_-\mu_--\frac{\rho_0}{\chi}\mu_-^2\right)\right] \tag{2.20}$$

这里引入的辅助场 μ_- 相当于体系的交换化学势。把公式 (2.19) 和 (2.20) 代入巨配分函数表达式 (2.18) 中，并把与位形坐标无关的各项提到位形积分外，可以

得到

$$
\begin{aligned}
\Xi = & \frac{1}{\sqrt{\pi\chi}} \exp\left(-\frac{\chi}{4}\right) \sum_{n_A} \exp\left(\mu_A n_A\right) \frac{z_A^{n_A}}{n_A!} \sum_{n_B} \exp\left(\mu_B n_B\right) \frac{z_B^{n_B}}{n_B!} \\
& \times \int D\left[\mu_+\right] \exp\left(\int \mathrm{d}\boldsymbol{r} \mu_+ \rho_0\right) \int D\left[\mu_-\right] \exp\left[-\int \mathrm{d}\boldsymbol{r} \frac{\rho_0}{\chi} \mu_-^2\right] \\
& \times \prod_{i=1}^{n_A} \prod_{j=1}^{n_B} \int D\left\{R_A^i(s)\right\} D\left\{R_B^j(s)\right\} P_A\left\{R_A^i(s)\right\} P_B\left\{R_B^j(s)\right\} \\
& \times \exp\left[\int \mathrm{d}\boldsymbol{r}\left(\mu_+ \widehat{\rho}_+ + \widehat{\rho}_- \mu_-\right)\right]
\end{aligned} \tag{2.21}
$$

通过定义作用在 α 单体上的外场 ω_α 为辅助场 $\mu_\pm$ 的线性组合

$$
\begin{aligned}
\omega_A &= \mu_+ - \mu_- \\
\omega_B &= \mu_+ + \mu_-
\end{aligned} \tag{2.22}
$$

可以把所有作用在某单体上的长程相互作用归结为作用在其上的外场 ω_α。另外，根据密度算符 $\widehat{\rho}_\pm$ 的定义 (2.17) 以及 $\widehat{\rho}_\alpha$ 的定义 (2.15)，位形积分中的辅助场项可以写为

$$
\begin{aligned}
& \exp\left[\int \mathrm{d}\boldsymbol{r} \omega_A \widehat{\rho}_A\right] \exp\left[\int \mathrm{d}\boldsymbol{r} \omega_B \widehat{\rho}_B\right] \\
= & \prod_{i=1}^{n_A} \exp\left\{\int \mathrm{d}s \int \mathrm{d}\boldsymbol{r} \omega_A \delta\left[\boldsymbol{r} - \boldsymbol{r}_i(s)\right]\right\} \prod_{j=1}^{n_B} \exp\left\{\int \mathrm{d}s \int \mathrm{d}\boldsymbol{r} \omega_B \delta\left[\boldsymbol{r} - \boldsymbol{r}_j(s)\right]\right\} \\
= & \exp^{n_A}\left\{\int \mathrm{d}s \omega_A\left[\boldsymbol{r}(s)\right]\right\} \exp^{n_B}\left\{\int \mathrm{d}s \omega_B\left[\boldsymbol{r}(s)\right]\right\}
\end{aligned} \tag{2.23}
$$

上式的最后一行考虑到了链的全同性。把上式代入位形积分中，发现不同于小分子统计场论的是，在高分子体系中场论方法并没有把粒子间相互作用项完全地去耦合，在 $P_A\{R_A^i(s)\}$ 中仍然包含链连接导致的多体的相互作用。但是通过整理发现，对整个位形空间的积分可以简单地归结为对外势场 ω_α 中单个高分子链中单体位形积分的乘积：

$$
\left(\int D\left\{R_\alpha(s)\right\} P_\alpha\left\{R_\alpha(s)\right\} \exp\left\{\omega_\alpha\left[R_\alpha(s)\right]\right\}\right)^{n_\alpha} \tag{2.24}
$$

其中 $P_\alpha\{R_\alpha(s)\}\exp\{\omega_\alpha[R_\alpha(s)]\}$ 中对位形依赖的多体相互作用完全来自于链的连接性，因而可以通过 2.1.2 节给出的外场中理想链的路径积分表述 (2.7) 和 (2.8) 求得。即上式可以表示为

$$
Q_\alpha^{n_\alpha} = \left(\int D\left\{R_\alpha(s)\right\} P_\alpha\left\{R_\alpha(s)\right\} \exp\left\{\omega_\alpha\left[R_\alpha(s)\right]\right\}\right)^{n_\alpha} \tag{2.25}
$$

这样我们就把相互作用的多链体系问题归结为涨落场中的理想链构象统计问题。与巨配分函数中仅与单个高分子链相关的化学式结合，可以把这部分贡献写为单链配分函数的形式

$$\begin{aligned}\sum_{n_\alpha}\exp\left(\mu_\alpha n_\alpha\right)\frac{z_\alpha^{n_\alpha}}{n_\alpha!}\left(VQ_\alpha\right)^{n_\alpha} &= \sum_{n_\alpha}\frac{1}{n_\alpha!}\left[z_\alpha\exp\left(\mu_\alpha\right)VQ_\alpha\right]^{n_\alpha}\\ &= \sum_{n_\alpha}\frac{1}{n_\alpha!}\left[Z_\alpha VQ_\alpha\right]^{n_\alpha}\\ &= \exp\left(Z_\alpha VQ_\alpha\right)\end{aligned} \tag{2.26}$$

式中我们定义了逸度 $Z_\alpha = z_\alpha\exp(\mu_\alpha)$。这样就得到了表示为辅助场 $\mu_\pm$ 泛函积分形式的巨配分函数

$$\Xi = \int D\left[\mu_+\right]\int D\left[\mu_-\right]\exp\left(-G\left[\mu_+,\mu_-\right]\right) \tag{2.27}$$

其中

$$G\left[\mu_+,\mu_-\right] = \int \mathrm{d}\boldsymbol{r}\left[\frac{\rho_0}{\chi}\mu_-^2 - \rho_0\mu_+\right] - Z_AVQ_A\left[\omega_A\right] - Z_BVQ_B\left[\omega_B\right] \tag{2.28}$$

事实上在方程 (2.27) 这个巨配分函数的表达式中，消去了与位形积分无关的系数。这一操作相当于在自由能中减去了一个常数，不会影响体系的热力学性质。

通过这一整套从粒子到场的理论程序，我们把位形空间中由于两体相互作用导致的密度算符之间的耦合式 (2.16) 变换为辅助场 μ_- 的耦合式 (2.28)。这样把相互作用的多体问题转变为外场中的非相互作用的理想体系问题。然而把巨配分函数表示成辅助场的泛函积分形式并没有完全解决如何求解配分函数以及自由能的问题，这是因为一般情况下的泛函积分都是不能解析计算的 (仅有高斯型的泛函积分是可以的)。但它的优势在于能够从理想体系的处理手段出发来研究相互作用多体问题；并能够给出非均匀体系中孤立的粒子在位形空间中的分布状态 (在这里是高分子链在空间不同位置的构象)。这对于研究高分子在非均匀体系中的构象状态是十分有利的，特别是同密度泛函理论的紧密联系为人们提供了更清晰的非均匀体系热力学的物理图景。

2.2.2 自洽平均场理论

上面提到的这个巨配分函数的泛函积分 (2.28) 是很难计算的。考虑到 G 的鞍点值在上述泛函积分中占主导地位，因而总可以用 G 的鞍点值作为巨势，而不求整个泛函积分。在鞍点近似下可以构造自洽的数值计算，一般把这种理论方法称为自洽场理论 (self-consistent field theory, SCFT)。引入平均场近似，即要求

G 对辅助场的一阶变分导数为零

$$\begin{aligned}\frac{\delta G}{\delta \mu_+} &= 0 \\ \frac{\delta G}{\delta \mu_-} &= 0\end{aligned} \tag{2.29}$$

代入 G 的形式，可以给出高分子构象状态以及辅助场满足的方程组，即自洽平均场方程组：

$$\begin{aligned}&\frac{2}{\chi}\mu_-(\boldsymbol{r}) - \phi_A[\boldsymbol{r};\omega_A] + \phi_B[\boldsymbol{r};\omega_B] = 0 \\ &\phi_A[\boldsymbol{r};\omega_A] + \phi_B[\boldsymbol{r};\omega_B] = 1 \\ &\left[\frac{\partial}{\partial s} - \nabla^2 + \omega_\alpha(\boldsymbol{r})\right] q_\alpha(\boldsymbol{r}, s) = 0 \\ &\phi_\alpha = Z_\alpha \int_0^N \mathrm{d}s q_\alpha(\boldsymbol{r}, N-s;\omega_\alpha) q_\alpha(\boldsymbol{r}, s;\omega_\alpha) \\ &\omega_A = \mu_+(\boldsymbol{r}) - \mu_-(\boldsymbol{r}) \\ &\omega_B = \mu_+(\boldsymbol{r}) + \mu_-(\boldsymbol{r})\end{aligned} \tag{2.30}$$

这一组方程在给定 Z_α (实际上是给定了化学势) 的情况下是一组封闭的非线性方程，可以自洽地求解。实际上通常是给定均匀本体相的密度，这种情况下根据相平衡原理，本体相和我们关心的非均匀相的化学势相等。可以先求出均匀本体相的化学势。作为特例，均匀相总是自洽平均场理论的一个解。如果已知本体相 (粒子源) 的密度 ρ_0，那么在均匀本体相中解析地求解自洽场方程组，从密度 ρ_0 求得化学势，进而可以得到非均匀相的化学势。这样在给定本体相密度的前提下可以根据自洽场方程组 (2.30) 确定非均匀相的热力学性质。

密度 $\phi(\boldsymbol{r})$、辅助场 $\omega(\boldsymbol{r})$ 以及 $q(\boldsymbol{r}, s)$ 之间的相互依赖使得自洽场方程组 (2.30) 的非线性和非局域性的特征十分突出。其中非局域性主要表现在描述单链构象的扩散方程中。我们已经在 2.2.1 节讨论了它的算法。数值求解这样一套非线性方程组的办法一般有松弛法 [3]、拟牛顿迭代法 (Broyden 方法)[3,7] 和赝动力学方法 [3,7,8]。这里不详述数值的算法和实现，仅简要介绍它们的原理。松弛法从假设的初始辅助场 ω^n 出发，利用描述链在外场中构象的扩散方程求得传播子 $q(\boldsymbol{r}, s)$，进而做单链系综平均可以求得体系在假设外场 ω^n 中的密度分布 $\phi(\boldsymbol{r})$；由此密度分布可以根据平均场方程求出新的外场 ω'；定义迭代格式 $\omega^{n+1} = \omega^n + k\delta\omega$，$k$ 为松弛系数，$\delta\omega = \omega^n - \omega'$。这种数值方案简单实用，利于程序实现。缺点是这个迭代格式相当于向前差分解决动力学方程，其精度和稳定性都不是很好。此外，这种向前差分的迭代格式强烈依赖于初始的猜测值 ω^n 和松弛系数 k，容易迭代进入自由能的局域极小值，而得不到真正的收敛结果。一个较好的解决方案是拟牛顿迭代法。它是把自洽场方程组看成一套非线性方程组，用牛顿迭代法求解。而不同的是，迭代过程需要的雅可比矩阵仅在迭代的第一步进行数值求解，而在其余的迭代步中则是利用 Broyden 公式依次给出。这个计算方案容易在迭代中引入全局收敛机制，即在每一个迭代步计算后都要判断是否满足最合理的自由能下降方向，以保证全局收敛。得益于全局收敛策略，这个方法对初始值依赖不大，而且这种算法是超线性收敛的。但是缺点是计算雅可比矩阵耗时很大，整个自洽平均场理论的主要计算量都消耗在这一步骤。如果参数选取得不合适会导致重复计算雅可比矩阵，这将会使计算时间过长，直至最终失败。

另外一个加快非线性方程收敛的办法是 Fredrickson 给出的赝动力学的解决方案，他把自洽场方程从猜测的初始值通过迭代求得平衡态的过程看作是自由能在 $\delta F/\delta\mu$ 驱动下由非平衡态向平衡态 (鞍点) 演化的动力学过程。由于我们关心的是平衡态的热力学性质，而热力学性质又与制备这个状态的动力学过程是无关的，所以总可以人为地选取合适的动力学演化路径以便得到快速和精确的收敛。一个很好的动力学路径就是沿着自由能的最陡下降方向演化，这也是耗散体系的动力学路径 (模型 A)。根据下降的方向构造赝动力学方程组如下

$$\begin{aligned}\frac{\partial}{\partial t}\mu_+(\boldsymbol{r},t)&=\lambda_+\frac{\delta F[\mu_+,\mu_-]}{\delta\mu_+(\boldsymbol{r},t)}\\\frac{\partial}{\partial t}\mu_-(\boldsymbol{r},t)&=-\lambda_-\frac{\delta F[\mu_+,\mu_-]}{\delta\mu_-(\boldsymbol{r},t)}\end{aligned}\tag{2.31}$$

这组方程的数值求解可以利用无外场下的单链响应函数 (德拜函数) 近似给出密度和辅助场的线性响应关系。将这一关系代入动力学方程中得到求解这组方程的半隐式格式

$$\begin{aligned}\frac{\boldsymbol{\mu}_+^{j+1}-\boldsymbol{\mu}_+^{j}}{\Delta t}&=-\rho_0\left(\phi_{A0}N_Ag_A+\phi_{B0}N_Bg_B\right)\times\Delta\boldsymbol{\mu}_+^{j+1}\\&\quad+\rho_A\left(\boldsymbol{\mu}_+^{j}-\boldsymbol{\mu}_-^{j}\right)+\rho_B\left(\boldsymbol{\mu}_+^{j}+\boldsymbol{\mu}_-^{j}\right)-\rho_0\boldsymbol{e}\\&\quad+\rho_0\left(\phi_{A0}N_Ag_A+\phi_{B0}N_Bg_B\right)\times\Delta\boldsymbol{\mu}_+^{j}\\\frac{\boldsymbol{\mu}_-^{j+1}-\boldsymbol{\mu}_-^{j}}{\Delta t}&=-\frac{2\rho_0}{\chi_{AB}}\boldsymbol{\mu}_-^{j+1}+\rho_A\left(\boldsymbol{\mu}_+^{j+1}-\boldsymbol{\mu}_-^{j}\right)-\rho_B\left(\boldsymbol{\mu}_+^{j+1}+\boldsymbol{\mu}_-^{j}\right)\end{aligned}\tag{2.32}$$

式中向量 $\boldsymbol{\mu}_\pm^j$ 代表空间离散化后的势场 $\mu_+(\boldsymbol{r},t)$，j 表示时刻；g_A 和 g_B 分别对应 A 和 B 链的德拜函数；$\boldsymbol{e}$ 为单位向量。这个半隐式格式的引入大大提高了迭代的稳定性。这样可以大幅度增加迭代的步长，从而加快了迭代的收敛速度。虽然与超线性收敛的拟牛顿迭代法相比这是一个线性收敛的方法，但是从实例来看，这种迭代方案可以把计算时间缩短一个数量级。而且这种方法不依赖于初值，甚至

用随机数做初值也不影响计算速度和计算结果。不过它的缺点是要在傅里叶空间求解，并且要用到德拜函数的具体形式，不利于在复杂边界条件下实现计算。虽然这种迭代格式在两组分体系中测试得很好，但在多组分体系 (包括聚电解质) 并不能得到预期的稳定性和收敛速度。此外，还要特别指出的是，对于其他理想链模型还不能给出解析的单链关联函数形式，因而这一数值计算方案还很难得到更广泛应用。

2.2.3 高斯涨落理论

对于非均匀体系，利用自洽平均场理论可以预言密度的分布，这个密度分布对应于巨势泛函取鞍点值时的分布，这是一个忽略了涨落效应的平均场结论。这个理论本身并不能判断这些结构的稳定性，也就是说无法判断这个结构对应于巨势泛函的极大值还是极小值，以及是局域极小值还是全局极小值。一般来讲，考察结构稳定性的办法就是做线性稳定性分析，即在平均场的结果上做微小扰动，看其是否能破坏这个结构。如果在一定热力学条件下存在某个特定的涨落模式 $q_{\max}$ 可以破坏这个结构，那么这些热力学条件确定了体系相图中的旋节线。模式 $q_{\max}$ 是在这一条件下的最不稳定模式，它对应着散射实验中的散射峰。另外 $q_{\max}$ 的形态特征也预示着体系演化的动力学路径 [5,7,9−11]。

我们首先考虑平均场理论确定的解附近的涨落

$$\phi_\alpha(\boldsymbol{r}) = \phi_\alpha^{(0)}(\boldsymbol{r}) + \delta\phi_\alpha(\boldsymbol{r}) \tag{2.33}$$

代入巨配分函数表达式 (2.21) 中，我们得到

$$G = G^{(0)} + G^{(1)} + G^{(2)} + \cdots \tag{2.34}$$

其中 $G^{(0)}$ 是巨势的极值 (平均场解)。根据平均场理论，$G^{(1)} = 0$。$G^{(2)}$ 是高斯涨落的贡献。二元共混体系高斯涨落对自由能贡献可以表示为

$$\begin{aligned} G^{(2)} = &\int \mathrm{d}\boldsymbol{r}_1 \left[\chi\delta\phi_A(\boldsymbol{r}_1)\delta\phi_B(\boldsymbol{r}_1) - \delta\phi_A(\boldsymbol{r}_1)\delta\omega_A(\boldsymbol{r}_1) - \delta\phi_B(\boldsymbol{r}_1)\delta\omega_B(\boldsymbol{r}_1)\right] \\ &- \frac{1}{2}\int \mathrm{d}\boldsymbol{r}_1 \int \mathrm{d}\boldsymbol{r}_2 \left[C_{AA}\delta\omega_A(\boldsymbol{r}_1)\delta\omega_A(\boldsymbol{r}_1) + C_{BB}\delta\omega_B(\boldsymbol{r}_1)\delta\omega_B(\boldsymbol{r}_1)\right] \end{aligned} \tag{2.35}$$

其中 $C_{\alpha\alpha}$ 为单链内的对关联函数 (单链配分函数的累积量展开系数)

$$C_{\alpha\alpha}(\boldsymbol{r}, \boldsymbol{r}') = \frac{Z_\alpha V \delta^2 Q_\alpha[\omega_\alpha]}{\delta\omega_\alpha(\boldsymbol{r})\delta\omega_\alpha(\boldsymbol{r}')}$$

$$
\begin{aligned}
&= Z_\alpha \int_0^1 \mathrm{d}s \int_0^1 \mathrm{d}s' q_\alpha(\boldsymbol{r}, 1-s)\, Q_\alpha(\boldsymbol{r}, \boldsymbol{r}'; s-s')\, q_\alpha(\boldsymbol{r}', s') \\
&+ Z_\alpha \int_0^1 \mathrm{d}s \int_0^1 \mathrm{d}s' q_\alpha(\boldsymbol{r}', 1-s)\, Q_\alpha(\boldsymbol{r}', \boldsymbol{r}; s-s')\, q_\alpha(\boldsymbol{r}, s') \qquad (2.36)
\end{aligned}
$$

传播子 $Q_\alpha(\boldsymbol{r}, \boldsymbol{r}'; s)$ 满足

$$
\left[\frac{\partial}{\partial s} - \nabla^2 + \omega_\alpha(\boldsymbol{r})\right] Q_\alpha(\boldsymbol{r}, \boldsymbol{r}'; s) = 0 \qquad (2.37)
$$

初始条件是 $Q_\alpha(\boldsymbol{r}, \boldsymbol{r}'; s) = \delta(\boldsymbol{r} - \boldsymbol{r}')$，而一端积分的传播子 $q(\boldsymbol{r}, s; [\omega])$ 满足方程 (2.7)。

与 2.2.2 节推导场论的方法相同，这里引入高分子 A 和 B 密度涨落的线性组合为新的密度涨落算符

$$
\begin{aligned}
\delta\phi &= \delta\phi_A - \delta\phi_B \\
\delta\phi_A + \delta\phi_B &= 0 \qquad (2.38)
\end{aligned}
$$

其中 $\delta\phi$ 表示序参量的涨落；第二行保证了密度涨落满足不可压缩性条件。引入与上面密度涨落共轭的辅助场 $\delta\mu_\pm$，它们可以表示为作用在单体上外场 $\delta\omega_\alpha$ 的线性组合

$$
\begin{aligned}
\delta\mu_+ &= \frac{1}{2}(\delta\omega_A + \delta\omega_B) \\
\delta\mu_- &= \frac{1}{2}(\delta\omega_B - \delta\omega_A) \qquad (2.39)
\end{aligned}
$$

也可以认为 $\delta\mu_\pm$ 分别是场 $\mu_\pm$ 的涨落。把式 (2.39) 代入 G 的高斯涨落项 (2.35) 中，即把高斯涨落项写成 $\delta\mu_\pm$ 的展开式

$$
\begin{aligned}
G^{(2)} = \int \mathrm{d}\boldsymbol{r}_1 \int \mathrm{d}\boldsymbol{r}_2 \Big\{ &\left[-\frac{\chi}{4}\delta\phi_A(\boldsymbol{r}_1)\,\delta\phi_A(\boldsymbol{r}_2)\right] \delta(\boldsymbol{r}_1 - \boldsymbol{r}_2) \\
&- \frac{1}{2}\left[K(\boldsymbol{r}_1, \boldsymbol{r}_2)\left(\delta\mu_+(\boldsymbol{r}_1)\,\delta\mu_+(\boldsymbol{r}_2) + \delta\mu_-(\boldsymbol{r}_1)\,\delta\mu_-(\boldsymbol{r}_2)\right)\right. \\
&\left. + 2\Delta(\boldsymbol{r}_1, \boldsymbol{r}_2)\,\delta\mu_+(\boldsymbol{r}_1)\,\delta\mu_-(\boldsymbol{r}_2)\right] \Big\} \qquad (2.40)
\end{aligned}
$$

其中新的关联函数

$$
\begin{aligned}
K(\boldsymbol{r}_1, \boldsymbol{r}_2) &= [C_{AA} + C_{BB}](\boldsymbol{r}_1, \boldsymbol{r}_2) \\
\Delta(\boldsymbol{r}_1, \boldsymbol{r}_2) &= [C_{AA} - C_{BB}](\boldsymbol{r}_1, \boldsymbol{r}_2)
\end{aligned} \qquad (2.41)
$$

为了把巨势写成 $\delta\phi$ 的展开式形式，需要把辅助涨落场 $\delta\mu_\pm$ 用密度涨落 $\delta\phi$ 表示出来。它们之间的规律可以用下面的方程来确定

$$\frac{\delta G^{(2)}}{\delta\left[\delta\mu_\pm(\boldsymbol{r})\right]}=0 \tag{2.42}$$

把 $\delta\mu_\pm$ 表示为密度涨落 $\delta\phi$ 的表达式代入式 (2.34) 中即可以得到我们感兴趣的朗道展开形式。首先我们把 $\delta\mu_+$ 表示为 $\delta\phi$ 和 $\delta\mu_-$ 泛函，根据

$$\frac{\delta G^{(2)}}{\delta\left[\delta\mu_+(\boldsymbol{r})\right]}=0 \tag{2.43}$$

可得

$$\begin{aligned}&\int \mathrm{d}\boldsymbol{r}_1\int \mathrm{d}\boldsymbol{r}_2\left\{K(\boldsymbol{r}_1,\boldsymbol{r}_2)\left[\delta(\boldsymbol{r}_1-\boldsymbol{r})\,\delta\mu_+(\boldsymbol{r}_2)+\delta(\boldsymbol{r}_2-\boldsymbol{r})\,\delta\mu_+(\boldsymbol{r}_1)\right]\right.\\&\left.+2\Delta(\boldsymbol{r}_1,\boldsymbol{r}_2)\,\delta(\boldsymbol{r}_1-\boldsymbol{r})\,\delta\mu_-(\boldsymbol{r}_2)\right\}=0\end{aligned} \tag{2.44}$$

根据

$$K(\boldsymbol{r}_1,\boldsymbol{r}_2)=K(\boldsymbol{r}_2,\boldsymbol{r}_1) \tag{2.45}$$

式 (2.44) 可以改写为

$$\int \mathrm{d}\boldsymbol{r}' K(\boldsymbol{r},\boldsymbol{r}')\,\delta\mu_+(\boldsymbol{r}')=-\int \mathrm{d}\boldsymbol{r}'\Delta(\boldsymbol{r},\boldsymbol{r}')\,\delta\mu_-(\boldsymbol{r}') \tag{2.46}$$

定义 $K^{-1}(\boldsymbol{r},\boldsymbol{r}')$ 如下

$$\int \mathrm{d}\boldsymbol{r}' K^{-1}(\boldsymbol{r},\boldsymbol{r}_1)\,K(\boldsymbol{r}_1,\boldsymbol{r}')=\delta(\boldsymbol{r}-\boldsymbol{r}') \tag{2.47}$$

代入式 (2.46) 可以把 $\delta\mu_+$ 表示为 $\delta\phi$ 和 $\delta\mu_-$ 泛函：

$$\delta\mu_+(\boldsymbol{r})=-\iint \mathrm{d}\boldsymbol{r}_1\mathrm{d}\boldsymbol{r}_2 K^{-1}(\boldsymbol{r},\boldsymbol{r}_1)\,\Delta(\boldsymbol{r}_1,\boldsymbol{r}_2)\,\delta\mu_-(\boldsymbol{r}_2) \tag{2.48}$$

把式 (2.48) 代入高斯涨落项式 (2.40) 中整理得到

$$\begin{aligned}G^{(2)}=&\int \mathrm{d}\boldsymbol{r}\int \mathrm{d}\boldsymbol{r}'\left[-\frac{\chi}{4}\delta\phi(\boldsymbol{r})\,\delta\phi(\boldsymbol{r}')-\delta\phi(\boldsymbol{r})\,\delta\mu_-(\boldsymbol{r}')\right]\delta(\boldsymbol{r}-\boldsymbol{r}')\\&-\frac{1}{2}\int \mathrm{d}\boldsymbol{r}\int \mathrm{d}\boldsymbol{r}' C(\boldsymbol{r},\boldsymbol{r}')\,\delta\mu_-(\boldsymbol{r})\,\delta\mu_-(\boldsymbol{r}')\end{aligned} \tag{2.49}$$

这里我们定义了无相互作用时的关联函数 (零阶关联函数)

$$\tilde{C}(\boldsymbol{r}_1,\boldsymbol{r}_2)=K(\boldsymbol{r}_1,\boldsymbol{r}_2)-\int \mathrm{d}\boldsymbol{r}\int \mathrm{d}\boldsymbol{r}'\Delta(\boldsymbol{r}_1,\boldsymbol{r})\,K^{-1}(\boldsymbol{r},\boldsymbol{r}')\,\Delta(\boldsymbol{r}',\boldsymbol{r}_2) \tag{2.50}$$

接下来利用

$$\frac{\delta G^{(2)}}{\delta\left[\delta\mu_{-}(\boldsymbol{r})\right]}=0 \tag{2.51}$$

把 $\delta\mu_{-}$ 用 $\delta\phi$ 表示出来

$$\begin{aligned}
&\int \mathrm{d}\boldsymbol{r}_1 \int \mathrm{d}\boldsymbol{r}_2 \Big\{-\delta\phi(\boldsymbol{r}_1)\,\delta(\boldsymbol{r}_2-\boldsymbol{r})\,\delta(\boldsymbol{r}_1-\boldsymbol{r}_2) \\
&-\frac{1}{2}\tilde{C}(\boldsymbol{r}_1,\boldsymbol{r}_2)\left[\delta(\boldsymbol{r}_1-\boldsymbol{r})\,\delta\mu_{-}(\boldsymbol{r}_2)+\delta(\boldsymbol{r}_2-\boldsymbol{r})\,\delta\mu_{-}(\boldsymbol{r}_1)\right]\Big\} \\
=&-\delta\phi(\boldsymbol{r})-\int \mathrm{d}\boldsymbol{r}_1 \frac{1}{2}\tilde{C}(\boldsymbol{r},\boldsymbol{r}_1)\,\delta\mu_{-}(\boldsymbol{r}_1) \\
=&\,0
\end{aligned} \tag{2.52}$$

同样引入

$$\int \mathrm{d}\boldsymbol{r}' C^{-1}(\boldsymbol{r},\boldsymbol{r}_1)\,\tilde{C}(\boldsymbol{r}_1,\boldsymbol{r}')=\delta(\boldsymbol{r}-\boldsymbol{r}') \tag{2.53}$$

可以得到

$$\delta\mu_{-}(\boldsymbol{r})=-\int \mathrm{d}\boldsymbol{r}_1 \frac{1}{2}\tilde{C}^{-1}(\boldsymbol{r},\boldsymbol{r}_1)\,\delta\phi(\boldsymbol{r}_1) \tag{2.54}$$

代入高斯涨落的表达式 (2.49) 中

$$G^{(2)}=-\frac{1}{2}\int \mathrm{d}\boldsymbol{r}_1 \int \mathrm{d}\boldsymbol{r}_2 \left[C^{\mathrm{RPA}}\right]^{-1}(\boldsymbol{r}_1,\boldsymbol{r}_2)\,\delta\phi(\boldsymbol{r}_1)\,\delta\phi(\boldsymbol{r}_2) \tag{2.55}$$

式中，C^{RPA} 是无规相近似 (RPA) 下得到的关联函数

$$\left[C^{\mathrm{RPA}}\right]^{-1}(\boldsymbol{r}_1,\boldsymbol{r}_2)=\tilde{C}^{-1}(\boldsymbol{r}_1,\boldsymbol{r}_2)-\frac{\chi N}{2}\delta(\boldsymbol{r}_1-\boldsymbol{r}_2) \tag{2.56}$$

这样我们就得到了对平均场理论的高斯涨落修正。从方程 (2.55) 还可以看出高斯涨落项仅涉及了一个关联函数 $\tilde{C}(\boldsymbol{r},\boldsymbol{r}')$，而方程 (2.56) 可以类比于多体理论中的 Dyson 方程。如果变换到倒空间中则仅是对各个涨落模式 $\boldsymbol{q}$ 贡献的简单求和。这意味着高斯涨落理论不包含模式耦合的贡献。而且在这一层次上可以方便讨论体系的最不稳定模式，即可以求算符 (2.50) 的本征值问题，其最小的本征值对应的本征向量就是这个体系的最不稳定模式。体系也倾向于按着这个最不稳定模式演化。因此通过高斯涨落理论的分析可以预言体系的动力学演化路径。

此外，实验中观测到的光散射或是中子散射图谱也可以通过高斯涨落理论来计算。散射强度正比于密度关联函数的傅里叶变换

$$I(\boldsymbol{q})=\frac{1}{V}\iint \mathrm{d}\boldsymbol{r}_1\mathrm{d}\boldsymbol{r}_2 \mathrm{e}^{-\mathrm{i}\boldsymbol{q}\cdot(\boldsymbol{r}_1-\boldsymbol{r}_2)}\left\langle\phi(\boldsymbol{r}_1)\,\phi(\boldsymbol{r}_2)\right\rangle \tag{2.57}$$

如果把密度写为平均场的解和密度涨落两部分贡献 $\phi = \phi_0 + \delta\phi$，那么散射强度 $I(\boldsymbol{q})$ 可以表示为

$$I(\boldsymbol{q}) = \frac{1}{V}\left|\int \mathrm{d}\boldsymbol{r}\left\langle \phi^0(\boldsymbol{r})\,\mathrm{e}^{-\mathrm{i}\boldsymbol{q}\cdot\boldsymbol{r}}\right\rangle\right|^2 + S(\boldsymbol{q}) \tag{2.58}$$

其中第一项是平均场的解对应的结构对散射的贡献，而第二项为密度涨落的贡献，其表示为

$$S(\boldsymbol{q}) = \frac{1}{V}\iint \mathrm{d}\boldsymbol{r}_1\mathrm{d}\boldsymbol{r}_2\mathrm{e}^{-\mathrm{i}\boldsymbol{q}\cdot(\boldsymbol{r}_1-\boldsymbol{r}_2)}\left\langle \delta\phi(\boldsymbol{r}_1)\,\delta\phi(\boldsymbol{r}_2)\right\rangle \tag{2.59}$$

密度涨落的关联可以用高斯涨落理论的 RPA 对关联函数 C^{RPA} 进行代替，这样散射函数 $S(\boldsymbol{q})$ 为

$$S(\boldsymbol{q}) = \frac{1}{V}\iint \mathrm{d}\boldsymbol{r}_1\mathrm{d}\boldsymbol{r}_2\mathrm{e}^{-\mathrm{i}\boldsymbol{q}\cdot(\boldsymbol{r}_1-\boldsymbol{r}_2)}C^{\mathrm{RPA}} \tag{2.60}$$

根据这一理论，可以很好地解释二嵌段共聚物微观相分离形成的有序结构在散射实验中出现的奇异信号 [9–11]。

2.2.4 Flory-Huggins-de Gennes 自由能

作为特例，均匀相总是平均场的解。如果在均匀相附近研究高斯涨落理论，那么整个高斯涨落理论可以解析求解 [4,7]。这时所有的对关联函数仅仅是相对位置的函数，因而在傅里叶空间研究更为方便。2.2.3 节讨论了在弱不均匀近似下的单链构象统计，在此情况下，如下所示单链的对关联函数可以表示为德拜函数

$$\begin{aligned}
C_{\alpha\alpha}(\boldsymbol{r},\boldsymbol{r}') &= -\frac{\delta\phi(\boldsymbol{r})}{\delta\omega_\alpha(\boldsymbol{r}')} = \bar{\phi}_\alpha\frac{1}{V}\sum_{q\neq 0} g_{\mathrm{D}}(\boldsymbol{q})\,\mathrm{e}^{\mathrm{i}\boldsymbol{q}\cdot(\boldsymbol{r}-\boldsymbol{r}')}\\
C_{\alpha\alpha}(\boldsymbol{q}) &= \bar{\phi}_\alpha g_{\mathrm{D}}(\boldsymbol{q})
\end{aligned} \tag{2.61}$$

根据关联函数 K, Δ 的定义式 (2.41) 可以得出

$$\begin{aligned}
K(\boldsymbol{r},\boldsymbol{r}') &= \bar{\phi}_A g_A + \bar{\phi}_B g_B\\
\Delta(\boldsymbol{r},\boldsymbol{r}') &= \bar{\phi}_A g_A - \bar{\phi}_B g_B
\end{aligned} \tag{2.62}$$

根据方程 (2.50) 进一步可以求得

$$\tilde{C} = \bar{\phi}_A g_A + \bar{\phi}_B g_B + \frac{\left(\bar{\phi}_A g_A - \bar{\phi}_B g_B\right)^2}{\bar{\phi}_A g_A + \bar{\phi}_B g_B} = \frac{4\bar{\phi}_A g_A \bar{\phi}_B g_B}{\bar{\phi}_A g_A + \bar{\phi}_B g_B} \tag{2.63}$$

代入 C^{RPA} 的表达式 (2.56) 中可得

$$C_{\mathrm{RPA}}^{-1}(\boldsymbol{q}) = \frac{1}{\bar{\phi}_A g_A(\boldsymbol{q})} + \frac{1}{\bar{\phi}_B g_B(\boldsymbol{q})} - 2\chi N \tag{2.64}$$

上式也正是 RPA 结构因子的倒数。通常用这一公式拟合散射实验来确定相互作用参数 χ。在弱不均匀近似下，相当于我们关心小 $\boldsymbol{q}$ 的性质，那么德拜函数可以展开为 $g(\boldsymbol{q}) \approx 1 + (\boldsymbol{q}R_e)^2/18 + \cdots$。这样上式可以重新表示为

$$C_{\mathrm{RPA}}^{-1}(\boldsymbol{q}) = \frac{1}{\bar{\phi}_A} + \frac{1}{\bar{\phi}_B} - 2\chi N + \frac{\boldsymbol{q}^2 R_e^2}{18\bar{\phi}_A} + \frac{\boldsymbol{q}^2 R_e^2}{18\bar{\phi}_B} \tag{2.65}$$

这个表示可以把关联函数中与 $\boldsymbol{q}$ 有关的贡献 (对应于非均匀结构) 和与 $\boldsymbol{q}$ 无关的贡献 (对应于均匀相) 区别开来。

由于我们在均相平均场的解附近做高斯涨落分析，所以自由能的贡献都来自高斯涨落。另外考虑到不可压缩条件 $\phi_B = 1 - \phi_A$，那么序参量 $\phi_A - \phi_B = 2\phi_A - 1$。这样 RPA 近似下的自由能可以表示为

$$\frac{F_{\mathrm{RPA}}[\phi_{A\boldsymbol{q}}]}{k_{\mathrm{B}}T} = \sum_{\boldsymbol{q}} \frac{(2\phi_{A\boldsymbol{q}} - 1)^2}{C_{\mathrm{RPA}}(\boldsymbol{q})} \tag{2.66}$$

同样根据上面的精神，我们在自由能表达式中把与 $\boldsymbol{q}$ 有关的贡献和与 $\boldsymbol{q}$ 无关的贡献分别讨论，那么

$$\begin{aligned}\frac{F_{\mathrm{RPA}}[\phi_{A\boldsymbol{q}}]}{k_{\mathrm{B}}T} =& \frac{1}{2}\left(\frac{1}{\bar{\phi}_A} + \frac{1}{1-\bar{\phi}_A} - 2\chi N\right)\left[\phi_A(\boldsymbol{r}) - \frac{1}{2}\right]^2 \\ &+ \frac{1}{2}\sum_{\boldsymbol{q}\neq 0}\left(\frac{1}{\bar{\phi}_A} + \frac{1}{1-\bar{\phi}_A} - 2\chi N + \frac{\boldsymbol{q}^2 R_e^2}{18\bar{\phi}_A} + \frac{\boldsymbol{q}^2 R_e^2}{18(1-\bar{\phi}_A)}\right)[\phi_{A,\boldsymbol{q}}]^2\end{aligned} \tag{2.67}$$

通过傅里叶逆变换，把这个表达式写到位形空间中，即可以得到自由能 F_{RPA} 作为实空间密度 $\phi_A(\boldsymbol{r})$ 的泛函形式

$$\begin{aligned}\frac{F_{\mathrm{RPA}}[\phi_A(\boldsymbol{r})]}{k_{\mathrm{B}}T} =& \frac{1}{V}\int \mathrm{d}V\left\{\frac{1}{2}\left(\frac{1}{\bar{\phi}_A} + \frac{1}{1-\bar{\phi}_A} - 2\chi N\right)\left[\phi_A(\boldsymbol{r}) - \frac{1}{2}\right]^2\right. \\ &\left. + \frac{R_e^2}{36\bar{\phi}_A(1-\bar{\phi}_A)}(\nabla\phi_A)^2\right\} \\ =& \frac{1}{V}\int \mathrm{d}V\left\{\frac{1}{2}\frac{\mathrm{d}^2 f_{\text{F-H}}}{\mathrm{d}\bar{\phi}_A^2}\left[\phi_A(\boldsymbol{r}) - \frac{1}{2}\right]^2 + \frac{R_e^2}{36\bar{\phi}_A(1-\bar{\phi}_A)}(\nabla\phi_A)^2\right\}\end{aligned} \tag{2.68}$$

这就是通常所说的 Flory-Huggins-de Gennes 自由能 [12,13]。de Gennes 最早用 RPA 得到了这一形式 [12]，并建议应用这个解析的表达式来研究非均匀高分子共

混体系的热力学和动力学性质 [13]。20 世纪 90 年代，Freed 等从更为严格的密度泛函理论角度推导了这一形式 [14]。与第 1 章中提到的 Cahn-Hilliard 理论相同，Flory-Huggins-de Gennes 形式把不均匀体系的自由能分为均匀相的贡献和非均匀相的贡献两部分。均匀相的贡献在这个近似下完全回到 Flory-Huggins 形式，这一部分描述了共混体系中的平动熵。因非均匀相的存在而导致的额外自由能的贡献主要来自于外场下高分子形变导致的构象熵 (参考方程 (2.61))，在这一理论中表示为密度的梯度平方贡献 $(\nabla\phi)^2$，一般这一形式也被称为梯度平方理论。

这个自由能是在弱不均匀近似即方程 (2.61) 下得到的，因而这一理论对于旋节线相分离早期的动力学，以及弱分离情况下表面、界面问题都是适用的。在这种情况下，利用这个自由能可以解析处理很多问题；即使是数值求解，由于不用自洽迭代找出链构象与外场的响应关系，也可以大大节省计算量。基于这些优势，Flory-Huggins-de Gennes 自由能被广泛地应用在含时的 Ginzburg-Landau 方程的计算中 [15–19]。

2.3 小　结

上述基于高斯链模型的场论描述对于常见的相分离现象能够有很好的定量预测，但是对于高分子特有的黏弹性相分离还需要引入更复杂的高分子链模型。另外，在相分离与某一种或几种相转变同时发生的复杂情况下，本章介绍的理论则不能直接地给出结论。需要进一步定义新的序参量，并引入与之共轭的涨落场来构造新的场论。这将使得计算变得十分复杂，目前可操作的办法还是对场论线性化得到 Ginzburg-Landau 自由能来处理。

基于高斯链模型的相分离理论已经就旋节线相分离、成核等问题展开了广泛的计算和模拟。但事实上在这个理论层次上关于相分离的问题还有很多工作没有进行深入系统的研究，特别是关于相分离过程中局域的热力学和动力学特征。例如，相分离的界面形态和界面上链的构象状态，以及分离过程中构象状态随时间的演化规律。这些局域性质的研究有助于进一步深入理解相分离的微观机理、调控相分离形貌。

参 考 文 献

[1] Doi M. Introduction to Polymer Physics. Oxford: Oxford University Press, 1996.

[2] Doi M, Edwards S F. The Theory of Polymer Dynamics. Oxford: Oxford University Press, 1988.

[3] Fredrickson G H. The Equilibrium Theory of Inhomogeneous Polymers. Oxford: Oxford University Press, 2006.

[4] Freed K F. Functional integrals and polymer statistics. Adv. Chem. Phys., 1972, 22: 1-128.

[5] Schmid F. Self-consistent-field theories for complex fluids. J. Phys. Condens. Matter, 1998, 10(37): 8105.

[6] Müller M, Schmid F. Incorporating fluctuations and dynamics in self-consistent field theories for polymer blends. Adv. Polym. Sci., 2005, 185: 1-58.

[7] Fredrickson G H, Ganesan V, Drolet F. Field-theoretic computer simulation methods for polymers and complex fluids. Macromolecules, 2002, 35(1): 16-39.

[8] Ceniceros H D, Fredrickson G H. Numerical solution of polymer self-consistent field theory. Multiscale Model. Simul., 2004, 2(3): 452-474.

[9] Yeung C, Shi A C, Noolandi J, et al. Anisotropic fluctuations in ordered copolymer phases. Macromol Theory. Sim., 1996, 5(2): 291-298.

[10] Shi A C, Noolandi J, Desai R C. Theory of anisotropic fluctuations in ordered block copolymer phases. Macromolecules, 1996, 29(20): 6487-6504.

[11] Miao B, Yan D D, Wickham R A, et al. The nature of phase transitions of symmetric diblock copolymer melts under confinement. Polymer, 2007, 48(14): 4278-4287.

[12] de Gennes P G. Dynamics of fluctuations and spinodal decomposition in polymer blends. J. Chem. Phys., 1980, 72(9): 4756-4763.

[13] de Gennes P G. Scaring Concepts in Polymer Physics. New York: Cornell University Press, 1979.

[14] Tang H, Freed K F. Free energy functional expansion for inhomogeneous polymer blends. J. Chem. Phys., 1991, 94(2): 1572-1583.

[15] Chakrabarti A, Toral R, Gunton J D, et al. Spinodal decomposition in polymer mixtures. Phys. Rev. Lett., 1989, 63(19): 2072-2075.

[16] Chakrabarti A, Toral R, Gunton J D, et al. Dynamics of phase separation in a binary polymer blend of critical composition. J. Chem. Phys., 1990, 92(11): 6899-6909.

[17] Castellano C, Glotzer S C. On the mechanism of pinning in phase-separating polymer blends. J. Chem. Phys., 1995, 103(21): 9363-9369.

[18] Aksimentiev A, Moorthi K, Holyst R. Scaling properties of the morphological measures at the early and intermediate stages of the spinodal decomposition in homopolymer blends. J. Chem. Phys., 2000, 112(13): 6049-6062.

[19] Aksimentiev A, Holyst R. Influence of the free-energy functional form on simulated morphology of spinodally decomposing blends. Phys. Rev. E, 2000, 62(5 Pt B): 6821-6830.

第 3 章　介观尺度高分子体系的相转变动力学理论

高分子共混体系相分离的动力学过程在介观尺度上一般满足不可压缩性条件，因而通常用 Cahn-Hilliard 守恒序参量的动力学 (模型 B) 来进行理论研究。本章结合前述高分子多链体系的场论理论，在介观尺度上推导描述高分子共混相分离的动力学理论：含时的 Ginzburg-Landau 方程、动态自洽场理论和外势场动力学，并简要介绍它们的数值计算实现。

3.1　含时的 Ginzburg-Landau 方程

考虑第 2 章讨论的高分子共混体系的相分离问题。在体系的不可压缩性条件的限制下，序参量 $\Delta\phi = \phi_A - \phi_B$ 满足连续性方程

$$\frac{\partial \Delta\phi\left(\boldsymbol{r},t\right)}{\partial t} = -\nabla\cdot \boldsymbol{J}\left(\boldsymbol{r},t\right) \tag{3.1}$$

$\boldsymbol{J}(\boldsymbol{r},t)$ 表示单体密度在位置 $\boldsymbol{r}$ 和时间 t 上的流。产生流的驱动力为体系的交换化学势 $\tilde{\mu}_\phi$，它可以表示为

$$\tilde{\mu}_\phi = \frac{\delta G}{\delta \phi} \tag{3.2}$$

通常假设 $\boldsymbol{J}(\boldsymbol{r},t)$ 与交换化学势 $\tilde{\mu}_\phi$ 的负梯度满足线性关系

$$\boldsymbol{J}\left(\boldsymbol{r},t\right) = -\int \mathrm{d}\boldsymbol{r}' \Lambda_\phi\left(\boldsymbol{r},\boldsymbol{r}'\right)\nabla\tilde{\mu}_\phi\left(\boldsymbol{r}',t\right) \tag{3.3}$$

式中，昂萨格系数 $\Lambda_\phi(\boldsymbol{r},\boldsymbol{r}')$ 描述了由于体系的关联效应引起的作用在 $\boldsymbol{r}$ 处单体上的力在 $\boldsymbol{r}'$ 处单体的响应。在高分子体系中这一非局域的关联来自于高分子的链状结构特点。由于高分子的单体是连接在一起的，单体的运动不再是独立的，在链的扩散过程中需要考虑链内单体的关联效应，因此在讨论高分子的相转变动力学时非局域的扩散系数的引入是非常必要的。在 Rouse 动力学模型下它可以表示为

$$\Lambda_\phi\left(\boldsymbol{r},\boldsymbol{r}'\right) = DN\bar{\phi}_A\bar{\phi}_B g_0\left(\boldsymbol{r},\boldsymbol{r}'\right) \tag{3.4}$$

其中，D 为单链的扩散系数，$g_0(\boldsymbol{r},\boldsymbol{r}')$ 为单链上单体的对关联函数。把方程 (3.4) 和 (3.3) 代入方程 (3.1) 即可得到 Cahn-Hilliard 方程

$$\frac{\partial \Delta\phi\left(\boldsymbol{r},t\right)}{\partial t} = DN\bar{\phi}_A\bar{\phi}_B\nabla\cdot\int \mathrm{d}\boldsymbol{r}' g_0\left(\boldsymbol{r},\boldsymbol{r}'\right)\nabla\tilde{\mu}_\phi\left(\boldsymbol{r}',t\right) + \eta\left(\boldsymbol{r},t\right) \tag{3.5}$$

式中，$\eta(\boldsymbol{r},t)$ 为热噪声的贡献，它满足涨落耗散定理

$$\langle\eta\left(x,t\right)\eta\left(x',t'\right)\rangle = -2k_{\mathrm{B}}TM\nabla^2\left[\delta\left(x-x'\right)\delta\left(t-t'\right)\right] \tag{3.6}$$

如果在方程中选用 Flory-Huggins-de Gennes 形式的自由能，那么这个方程通常也被称为含时的 Ginzburg-Landau(TDGL) 方程。第 2 章已经给出这个自由能是在弱不均匀近似下把外场 $\delta\omega$ 用密度 ϕ 解析表示出来的，从而得到的形式仅为序参量 ϕ 泛函的自由能。含时的 Ginzburg-Landau 方程在进行动力学演化时不需要自洽地求解高分子链在不均匀体系中的构象变化，所以用这种方法研究相分离动力学有着很高的计算效率。

通常为简便起见，在用 TDGL 方程计算或模拟高分子体系相转变时，都是采用局域扩散系数 [1]，即近似地认为 $g_0\left(\boldsymbol{r},\boldsymbol{r}'\right)=\delta\left(\boldsymbol{r},\boldsymbol{r}'\right)$。将局域的扩散系数和 Flory-Huggins-de Gennes 自由能代入 TDGL 方程，可得

$$\begin{aligned}\frac{\partial\phi}{\partial t} = Mk_{\mathrm{B}}TM\nabla^2&\left[\frac{1}{N_A}\ln\phi+\frac{1}{N_A}\ln\left(1-\phi\right)-2\chi\phi\right.\\&\left.+\frac{\left(1-2\phi\right)b^2}{36\phi^2\left(1-2\phi\right)^2}\left(\nabla\phi\right)^2-\frac{b^2}{18\phi\left(1-\phi\right)}\nabla^2\phi\right]+\eta\end{aligned} \tag{3.7}$$

简化后的局域扩散 TDGL 方程由于其容易实现简便快捷的计算，在与高分子共混旋节线相分离 [1,2]、成核–生长相分离 [1]、表面/界面结构的演化 [3,4] 以及共聚物微观相分离形成的有序结构之间的演化等方面有着大量的研究积累。实现求解上述非线性偏微分方程 (3.7) 的主要方法包括有限差分方法 [2,5−9] 和元胞动力学方法 (cell dynamics scheme, CDS)[1,10,11]。数值求解偏微分方程通常是比较困难的。因为这是一个高阶的非线性偏微分方程，需要考虑到计算结果的收敛性和计算方法的稳定性等因素。通常的办法是采用有限差分的方法把时间和空间离散化，并选用 Crank-Niclson 格式来实现二阶精度、无条件稳定的时间演化。另外，为了提高计算的精确度和稳定性还可以引入第 2 章中提到的赝谱方法，但是目前还没有文献报道这方面的尝试。CDS 则是通过直观的物理考虑把上面的偏微分方程离散化为格子模型，再用模拟的方法来作动力学的演化研究。与有限差分直接求解偏微分方程的方法相比，CDS 更容易扩展到任意维空间，并容易通过采用模型 H 来考虑流体力学相互作用等其他因素 [12−17]。这在剪切条件下的相分离问题以及黏弹性相分离问题的研究中是十分重要的，因而 CDS 也是目前求解 TDGL 方程最方便实用的计算方案 [12−17]。

3.2 动态自洽场理论

从 Cahn-Hilliard 守恒序参量的动力学演化理论出发，如果采用第 2 章中介绍的自洽场理论来求解包含高分子链构象精确信息的自由能，则可以克服 Flory-Huggins-de-Gennes 自由能弱不均匀近似导致的局限性 [18−26]。这对亚稳区的成核–生长和旋节线区中旋节线相分离晚期等具有较陡峭界面的相分离问题给出了更准确的演化信息。根据自洽场方程组 (2.30) 和局域的交换化学势的表达式 (3.2)，此时相分离的驱动力可以写为

$$\tilde{\mu}_\phi(\boldsymbol{r},t)=\frac{2}{\chi}\mu_-(\boldsymbol{r},t)-\phi_A[\boldsymbol{r},t;\omega_A]+\phi_B[\boldsymbol{r},t;\omega_B] \tag{3.8}$$

式中的密度 ϕ_A 和 ϕ_B 要根据此时的外场 $\mu_\pm(\boldsymbol{r},t)$ 自洽地求得。把这些表达式代入式 (3.5) 再结合不可压缩条件、单体密度的系综平均表达式以及描述单链的构象统计的扩散方程，即可以得到动态自洽场方程组：

$$\begin{gathered}
\frac{\partial\Delta\phi(\boldsymbol{r},t)}{\partial t}=DN\bar{\phi}_A\bar{\phi}_B\nabla \\
\times\int \mathrm{d}\boldsymbol{r}' g_0(\boldsymbol{r},\boldsymbol{r}')\nabla\left\{\frac{2}{\chi}\mu_-(\boldsymbol{r})-\phi_A[\boldsymbol{r};\omega_A]+\phi_B[\boldsymbol{r};\omega_B]\right\}+\eta(\boldsymbol{r},t) \\
\phi_A[\boldsymbol{r};\omega_A]+\phi_B[\boldsymbol{r};\omega_B]=1 \\
\left[\frac{\partial}{\partial s}-\nabla_2+\omega_\alpha(\boldsymbol{r})\right]q_\alpha(\boldsymbol{r},s)=0 \\
\phi_\alpha=Z_\alpha\int_0^N \mathrm{d}s q_\alpha(\boldsymbol{r},N-s;\omega_\alpha)q_\alpha(\boldsymbol{r},s;\omega_\alpha) \\
\omega_A=\mu_+(\boldsymbol{r})-\mu_-(\boldsymbol{r}) \\
\omega_B=\mu_+(\boldsymbol{r})+\mu_-(\boldsymbol{r})
\end{gathered} \tag{3.9}$$

在给定初始浓度分布 ϕ_A 后，在一定的边界条件下可以用这样一套非线性动力学方程组给出相分离的演化过程。从初始时刻的密度分布开始，根据密度泛函的理论，辅助场 ω_α 和密度分布 ϕ_α 是一一对应的，可以通过自洽迭代求出给定密度分布对应的外场。再把这一外场代到动力学方程中求得下一时刻的密度分布。接下来根据上述方程的迭代找到这一时刻的 μ_+，以保证在此时满足不可压缩性条件。后续时刻的计算以此类推，从而实现演化过程。这样每一时间步的演化都相当于求解一次自洽场方程。特别是方程组 (3.9) 第一行的动力学方程是一个非局域、非线性的偏微分方程。其解决办法是变换到倒空间中计算，这样可以消除非局域的扩散系数引起的计算复杂性。这样这个动力学方程变为一个常微分方程，从而可以采用高阶的 Runge-Kutta 方法或处理刚性方程的计算方法 [24]。

如果利用方程 (3.9) 在实空间求解动态自洽场方程,即要考虑非局域的扩散系数，那么整个计算变得十分复杂。因此在旋节线相分离的早期或是弱相分离的动力学演化等问题中通常还是选取采用 Flory-Huggins-de Gennes 自由能的 TDGL 方程来求解 [12−17]。另外的办法就是保留精确的自洽场自由能，而采用局域的扩散系数 [18−20,23−28]。然而这样的近似在界面很窄的时候是有缺陷的。Fraaije 在他的工作中指出，如果只考虑局域扩散系数，那么链的单体在没有键连接的约束下会扩散得很快。这使得它们迅速在界面附近富集，从而阻碍了扩散的进一步发生 [15]。因此采用局域扩散系数在窄界面情况下可能会导致演化不能进行到热力学的平衡态。另外 Müller 及其合作者在研究旋节线相分离过程中也对比了局域扩散系数和非局域扩散系数对动态自洽场理论计算结果的影响 [32]，其结果如图 3.1 所示。他们发现采用局域扩散系数时最大增长模式的波长 $1/q_{\max}$ 要短于非局域扩散的情况。另外，由于局域扩散的速度更快，所以增长因子 $R(q)$ 也要明显大于非局域扩散情况。但有趣的是增长因子为正最大截止频率 $q_{\rm c}$ 并不会因为是否考虑非局域的扩散系数而受到影响，这是由于 $q_{\rm c}$ 的大小完全取决于体系的热力学性质，而与动力学方程无关。

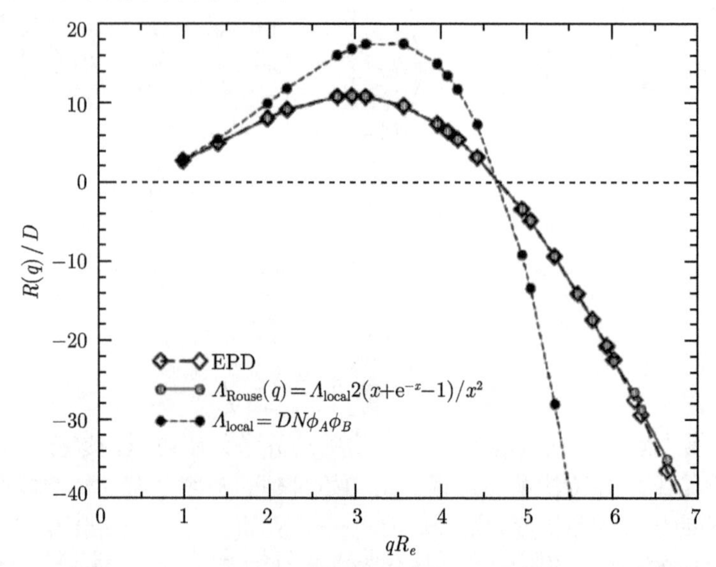

图 3.1　分别采用局域扩散系数和非局域扩散系数的动态自洽场理论以及外势场动力学 (EPD) 理论得到的旋节线相分离过程中的增长因子

动态自洽场理论自发展以来就被广泛地应用到高分子共混、共聚体系的相分离、相转变的动力学研究中。最初发展动态自洽场理论的 Fraaije 用非局域扩散系数的动态自洽场理论计算了嵌段共聚物自组装的动力学问题 [18−22]，并根据这一理论发展了商业化的计算模拟软件 Mesodyn。与此同时，Kawakatsu 也发展了相似的理论，开发了通用性的软件作为日本 OCTA 计划中介观尺度上的模拟工具，并利用这一套方法针对嵌段共聚物微观相分离的不同相之间的转变以及静电场作用下嵌段共聚物自组装的形貌等问题做了大量的研究 [28−31]。应用局域扩散的动态自洽场理论，史安昌等研究了单分散高分子体系在相分离过程中的扩散行为 [26]。Doi 及其合作者也在局域扩散的假设下研究了衬底上高分子吸附的动力学，直观地展示了吸附过程中衬底附近界面中的高分子链构象演化 [27]。

3.3 外势场动力学

在动态自洽场理论中，选取的是由高斯链模型出发的包含链全部构象统计的自由能，同时在描述相变动力学的方程中，扩散系数也包含了链状分子的动力学特性，因而在介观尺度上这是一个完善、有效的理论。但是这个理论的数值应用却受到计算量的阻碍，3.1 节也提到了折中的办法或者是利用 Flory-Huggins-de Gennes 自由能来简化自洽场计算，或者是利用局域的扩散系数来近似求解动力学方程。但是这两个折中的办法在窄界面情况下是有局限性的，因而迫切需要发展新的解决方案。Fraaije 最早解决了这个问题 [21,23−25]。在密度泛函的理论中，密度 ϕ_α 和外场 $\mu_\pm$ 是一一对应的双射关系，因而可以用外场 $\mu_\pm$ 演化的方程代替密度 ϕ_α 演化的方程。研究发现，在 Rouse 动力学模型下外场 μ_- 演化满足的动力学方程中的扩散系数是局域的，这样用这套新的方程组来研究相分离形貌的演化将大大节省计算量。Fraaije 把这一理论叫作外势场动力学 (EPD)。接下来我们借助第 2 章中高分子单链的构象统计和 3.1 节中的动力学方程 (3.1) 来给出 EPD 理论的推导过程。

首先，我们引入假设

$$\nabla g_0(\boldsymbol{r},\boldsymbol{r}') \cong -\nabla' g_0(\boldsymbol{r},\boldsymbol{r}') \tag{3.10}$$

这个假设在均匀体系 ($\nabla\phi = 0$) 和弱不均匀极限 ($\nabla\phi \to 0$) 下是严格准确的，即可以取式中的等号；而在密度很不均匀时 ($\nabla\phi \gg 0$) 则是一个近似。根据这个公式，我们可以把动态自洽场方程 (3.5) 改写为

$$\frac{\partial\Delta\phi(\boldsymbol{r},t)}{\partial t} = DN\bar{\phi}_A\bar{\phi}_B\nabla^2\int \mathrm{d}\boldsymbol{r}' g_0(\boldsymbol{r},\boldsymbol{r}')\,\tilde{\mu}_\phi(\boldsymbol{r}',t) + \eta(\boldsymbol{r},t) \tag{3.11}$$

式中的单链对关联函数 $g_0(\boldsymbol{r},\boldsymbol{r}')$ 可以表示为密度对外场的一级泛函导数

$$\frac{\delta\phi_\alpha(\boldsymbol{r})}{\delta\omega_\alpha(\boldsymbol{r}')} = -\bar{\phi}_\alpha N g_0(\boldsymbol{r},\boldsymbol{r}') \tag{3.12}$$

在弱不均匀近似下，$g_0(\boldsymbol{r},\boldsymbol{r}')$ 的傅里叶变换 $g_0(\boldsymbol{q})$ 为德拜函数。在密度泛函理论中密度和外场是一一对应的双射关系，根据第 2 章的自洽场方程 (2.30) 可知高分子 A 和 B 的密度差 (序参量) 与场变量的对应关系。把这个关系代入方程 (3.11) 的左侧，可以把序参量演化满足的方程变为外场演化满足的方程

$$\frac{\partial\Delta\phi(\boldsymbol{r},t)}{\partial t}=\frac{2}{\chi}\frac{\partial\mu_-(\boldsymbol{r},t)}{\partial t} \tag{3.13}$$

而方程右侧的交换化学势 $\tilde{\mu}_\phi=\delta G/\delta\phi_A-\delta G/\delta\phi_B$ 也可以通过链式关系从对密度依赖的表示转化为对外场依赖的表示，过程如下

$$\begin{aligned}\frac{\delta G}{\delta\phi_\alpha}&=\int\frac{\delta G}{\delta\omega_\alpha(\boldsymbol{r}')}\frac{\delta\omega_\alpha(\boldsymbol{r}')}{\delta\phi_\alpha(\boldsymbol{r})}\mathrm{d}\boldsymbol{r}'\\&=\iint\left[\frac{\delta G}{\delta\mu_-(\boldsymbol{r}'')}\frac{\delta\mu_-(\boldsymbol{r}'')}{\delta\omega_\alpha(\boldsymbol{r}')}+\frac{\delta G}{\delta\mu_+(\boldsymbol{r}'')}\frac{\delta\mu_+(\boldsymbol{r}'')}{\delta\omega_\alpha(\boldsymbol{r}')}\right]\frac{\delta\omega_\alpha(\boldsymbol{r}')}{\delta\phi_\alpha(\boldsymbol{r})}\mathrm{d}\boldsymbol{r}'\mathrm{d}\boldsymbol{r}''\end{aligned} \tag{3.14}$$

外场 μ_+ 保证了在整个动力学演化的过程中每一步都满足不可压缩性条件，因而在这整个过程中都保持 μ_+ 在 μ_+^* 处，μ_+^* 为 Gibbs 自由能泛函取鞍点值时的 μ_+，即

$$\left.\frac{\delta G}{\delta\mu_+(\boldsymbol{r}'')}\right|_{\mu_+=\mu_+^*}=0 \tag{3.15}$$

这样方程 (3.14) 中的第二项贡献为零。交换化学势可以表示为

$$\begin{aligned}\tilde{\mu}_\phi&=\frac{\delta G}{\delta\phi_A}-\frac{\delta G}{\delta\phi_B}\\&=-\int\frac{\delta G}{\delta\mu_-(\boldsymbol{r}')}\frac{\delta\omega_A(\boldsymbol{r}')}{\delta\phi_A(\boldsymbol{r})}\mathrm{d}\boldsymbol{r}'-\int\frac{\delta G}{\delta\mu_-(\boldsymbol{r}')}\frac{\delta\omega_B(\boldsymbol{r}')}{\delta\phi_B(\boldsymbol{r})}\mathrm{d}\boldsymbol{r}'\end{aligned} \tag{3.16}$$

把线性响应关系 (3.12) 代入上式，得

$$\tilde{\mu}_\phi=\frac{1}{N\bar{\phi}_A\bar{\phi}_B}\int\frac{\delta G}{\delta\mu_-(\boldsymbol{r}')}g_0^{-1}(\boldsymbol{r},\boldsymbol{r}') \tag{3.17}$$

把式 (3.13) 和式 (3.17) 分别代入动态自洽场方程 (3.5) 的左边和右边，得

$$\begin{aligned}\frac{2}{\chi}\frac{\partial\mu_-}{\partial t}&=D\nabla^2\iint\frac{\delta G}{\delta\mu_-(\boldsymbol{r}')}g_0(\boldsymbol{r},\boldsymbol{r}')\,g_0^{-1}(\boldsymbol{r},\boldsymbol{r}')\,\mathrm{d}\boldsymbol{r}'\mathrm{d}\boldsymbol{r}\\&=D\nabla^2\frac{\delta G}{\delta\mu_-}\end{aligned} \tag{3.18}$$

这样我们可以得到外场随时间演化的动力学方程

$$\frac{\partial\mu_-(\boldsymbol{r},t)}{\partial t}=\varLambda_{\mathrm{EPD}}\nabla^2\frac{\delta G[\mu_+,\mu_-]}{\delta\mu_-(\boldsymbol{r},t)} \tag{3.19}$$

其中，扩散系数 $\Lambda_{\text{EPD}}=\chi D/2$ 不再是两点关联函数，而只是一个与相互作用参数和单链扩散系数有关的常数。结合自洽场中 Gibbs 自由能泛函的表达式，EPD 方程组可以表示为

$$
\begin{aligned}
\frac{\partial\mu_{-}(\boldsymbol{r},t)}{\partial t}&=\Lambda_{\text{EPD}}\nabla^{2}\left[\frac{2}{\chi}\mu_{-}(\boldsymbol{r},t)-\phi_{A}(\boldsymbol{r},t;\omega_{A})+\phi_{B}(\boldsymbol{r},t;\omega_{B})\right]\\
&\phi_{A}[\boldsymbol{r},t;\omega_{A}]+\phi_{B}[\boldsymbol{r},t;\omega_{B}]=1\\
&\left[\frac{\partial}{\partial s}-\nabla_{\boldsymbol{r}}^{2}+\omega_{\alpha}(\boldsymbol{r},t)\right]q_{\alpha}(\boldsymbol{r},s)=0\\
\phi_{\alpha}(\boldsymbol{r},t)&=Z_{\alpha}\int_{0}^{N}\mathrm{d}s q_{\alpha}(\boldsymbol{r},N-s;\omega_{\alpha})\,q_{\alpha}(\boldsymbol{r},s;\omega_{\alpha})\\
&\omega_{A}(\boldsymbol{r},t)=\mu_{+}(\boldsymbol{r},t)-\mu_{-}(\boldsymbol{r},t)\\
&\omega_{B}(\boldsymbol{r},t)=\mu_{+}(\boldsymbol{r},t)+\mu_{-}(\boldsymbol{r},t)
\end{aligned}
\tag{3.20}
$$

这是一组非线性动力学方程组，如果在倒空间求解，那么可以借鉴第 2 章介绍的通过引入弱不均匀近似中的对关联函数的解析形式 (德拜函数) 来构造半隐式格式的方案来求解。Fredrickson 在他的书中建议了这一方法 [25]。它的优点在于可以选用较大的演化步长而不失方程的稳定性。另外也可以采用抛物型偏微分方程的有限差分方法在实空间求解，即考虑二阶精度的 Crack-Niclson 格式来演化动力学方程，在一维情况下这一格式也是无条件稳定的。

不同于自洽场理论数值求解过程的是，自洽场理论关心的是平衡态解，而不关心求解过程的动力学演化路径。根据热力学平衡态理论，状态的性质与制备它的动力学过程是无关的，所以数值求解时为方便起见，一般是寻找最快捷的动力学演化路径，并分别求解 μ_{+} 和 μ_{-} 满足的动力学方程，找到它们的鞍点值。这一过程并不对应真实结构演化。而动态自洽场或外势场动力学则关心具体的真实动力学演化路径。每一个时间步都要满足不可压缩的守恒序参量动力学方程 (3.5)，因而要同时演化 μ_{+} 和 μ_{-} 满足的动力学方程。这样方程组 (3.20) 相当于一个二维空间上的动力学方程组 (μ_{+} 和 μ_{-} 展开函数空间中的两个维度)。因而可以通过借鉴高维偏微分方程数值解中的交替方向隐式格式 (ADI scheme) 来求解。首先让 μ_{+} 固定，让 μ_{-} 演化一个时间步。然后保持 μ_{-} 不变，演化一步 μ_{+}，以保证每一步的演化满足不可压缩性条件。而且每一步都要用上面提到的倒空间或是实空间方法来演化，并采用适当的迭代格式保证 ϕ_{α} 和 $\mu_{\pm}$ 之间的自洽。

局域扩散系数的动态自洽场理论和外势场动力学都是非局域扩散系数动态自洽场理论的近似解法。Müller 及其合作者分别利用这三种理论研究了旋节线相分离，并对比了三种理论预言的结果来验证非局域动态自洽场理论和外势场动力学的适用性 (图 3.1)[32]。前面已经讨论了局域动态自洽场理论的优势和局限性，这

里仅对比外势场动力学和非局域动态自洽场理论的预言。由图 3.1 可以看出外势场动力学的计算结果和考虑了非局域扩散系数的动态自洽场理论的结果几乎完全相同。它们预言的增长因子 $R(q)$ 仅在短波极限下 ($q \gg q_c$) 有着很小的差别。这一偏差来自于从动态自洽场方程组 (3.9) 推导外势场动力学方程的过程中引入的唯一一个近似 (3.10)。前面提到这个近似在均匀相和弱不均匀 ($\nabla\phi \to 0$) 条件下是严格准确的。然而在强不均匀或界面很陡峭 ($\nabla\phi \to \infty$) 条件下短波 (大 q) 的性质变得越来越重要。此时式 (3.10) 仅能近似地成立，这导致了两个理论在短波极限下的偏离。

3.4　附录：从 Rouse 动力学模型推导 Cahn-Hilliard 方程

方程 (3.5) 除了从相转变动力学的角度引入外，还可以仅从微观的 Rouse 动力学模型出发推导出 Cahn-Hilliard 方程这一介观动力学方程。本附录我们简要介绍这一理论推导 [21]，它借用了 Kawasaki 和 Sekimoto 推导蛇行 (reptation) 动力学的方法 [33]。在外力场的作用下高分子链上的每个单体受到的力 $\boldsymbol{f}_s$ 都不相同，其合力为 $\sum_s \boldsymbol{f}_s$。在 Rouse 模型中链内部应力的弛豫要远远快于链作为整体的集体运动。这样在足够大的时间尺度上 (远大于链的弛豫时间) 整个高分子链以匀速迁移，其速度可以表示为

$$\boldsymbol{v}_{\text{drift}} = \frac{M_0}{N}\sum_{s=1}^{N}\boldsymbol{f}_s \tag{3.21}$$

这里我们假定了总的摩擦力正比于 N。定义链上 s 单体在位置 $\boldsymbol{r}$ 处的密度算符

$$\widehat{\rho}_s(\boldsymbol{r}) \equiv \delta(\boldsymbol{r} - \boldsymbol{R}_s) \tag{3.22}$$

方程 (3.22) 两侧对时间求偏导数，再根据链式关系可以给出位置 $\boldsymbol{r}$ 处单体 s 的密度演化方程

$$\begin{aligned}\frac{\partial\widehat{\rho}_s(\boldsymbol{r})}{\partial t} &= \frac{\partial\delta(\boldsymbol{r}-\boldsymbol{R}_s)}{\partial t} = \frac{\partial\delta(\boldsymbol{r}-\boldsymbol{R}_s)}{\partial\boldsymbol{R}_s}\cdot\frac{\partial\boldsymbol{R}_s}{\partial t}\\ &= -\nabla_{\boldsymbol{r}}\cdot\delta(\boldsymbol{r}-\boldsymbol{R}_s)\frac{\partial\boldsymbol{R}_s}{\partial t}\end{aligned} \tag{3.23}$$

根据式 (3.21) 在给定外力的条件下，用整条高分子链的迁移速度 $\boldsymbol{v}_{\text{drift}}$ 替换方程 (3.23) 中的 $\partial\boldsymbol{R}_s/\partial t$。在 Rouse 动力学模型下这样的操作总是可以的。这样我们可以得到

$$\frac{\partial\widehat{\rho}_s(\boldsymbol{r})}{\partial t} = -\frac{M_0}{N}\nabla_{\boldsymbol{r}}\cdot\delta(\boldsymbol{r}-\boldsymbol{R}_s)\sum_{s'=1}^{N}\boldsymbol{f}_{s'}(\boldsymbol{R}_{s'}) \tag{3.24}$$

在热力学极限下，微观变量可以用集体运动的变量来代替

$$\widehat{\rho}_s(\boldsymbol{r}) \to \left\langle \widehat{\rho}_s(\boldsymbol{r}) \right\rangle = \rho_s(\boldsymbol{r}) = \frac{1}{Z}\int_{V^N} \psi \widehat{\rho}_s(\boldsymbol{r})\,\mathrm{d}\boldsymbol{R}_1\cdots\mathrm{d}\boldsymbol{R}_N \tag{3.25}$$

其中，Z 为配分函数，ψ 为概率密度。把密度表达式 (3.25) 代入方程 (3.24) 中得到介观尺度上密度满足的动力学方程

$$\frac{\partial\rho_s(\boldsymbol{r})}{\partial t} = -\frac{M_0}{ZN}\nabla_{\boldsymbol{r}}\cdot\int_{V^N}\psi\delta(\boldsymbol{r}-\boldsymbol{R}_s)\sum_{s'=1}^{N}\boldsymbol{f}_{s'}(\boldsymbol{R}_{s'})\mathrm{d}\boldsymbol{R}_1\cdots\mathrm{d}\boldsymbol{R}_N \tag{3.26}$$

相似地，在热力学极限下，作用在单体 s' 上的微观的外力可以用交换化学势的负梯度来代替，因此上式可以改写为

$$\frac{\partial\rho_s(\boldsymbol{r})}{\partial t} = \frac{M_0}{ZN}\nabla_{\boldsymbol{r}}\cdot\int_{V^N}\psi\delta(\boldsymbol{r}-\boldsymbol{R}_s)\sum_{s'=1}^{N}\frac{\partial\mu_{s'}(\boldsymbol{R}_{s'})}{\partial\boldsymbol{R}_{s'}}\mathrm{d}\boldsymbol{R}_1\cdots\mathrm{d}\boldsymbol{R}_N \tag{3.27}$$

这样在 Rouse 动力学模型框架下给出了链内其他单体受力对于所考察的单体 s 在 $\boldsymbol{r}$ 处密度的影响。

体系中某处高分子链单体的总密度等于对一条链上所有的单体求和，同时要对所有的高分子链求和，

$$\widehat{\rho}(\boldsymbol{r}) = n\left\langle\sum_{s=1}^{N}\widehat{\rho}_s(\boldsymbol{r})\right\rangle = n\left\langle\sum_{s=1}^{N}\delta(\boldsymbol{r}-\boldsymbol{R}_s)\right\rangle \tag{3.28}$$

因此通过对式 (3.27) 一条链上的所有单体和所有链求和即可以得到体系中 $\boldsymbol{r}$ 处高分子单体密度随时间的演化方程

$$\begin{aligned}\frac{\partial\rho(\boldsymbol{r})}{\partial t} &= n\left\langle\sum_{s=1}^{N}\frac{\partial\widehat{\rho}_s(\boldsymbol{r})}{\partial t}\right\rangle \\ &= n\sum_{s=1}^{N}\frac{\partial\rho_s(\mathbf{r})}{\partial t} \\ &= n\sum_{s=1}^{N}\frac{M_0}{ZN}\nabla_{\boldsymbol{r}}\cdot\int_{V^N}\psi\delta(\boldsymbol{r}-\boldsymbol{R}_s)\sum_{s'=1}^{N}\frac{\partial\mu_{s'}(\boldsymbol{R}_{s'})}{\partial\boldsymbol{R}_{s'}}\mathrm{d}\boldsymbol{R}_1\cdots\mathrm{d}\boldsymbol{R}_N\end{aligned} \tag{3.29}$$

为了构造 s' 的密度算符，这里需要根据 δ 函数的性质引入

$$\int\delta(\boldsymbol{r}'-\boldsymbol{R}_{s'})f(\boldsymbol{r}')\,\mathrm{d}\boldsymbol{r}' = f(\boldsymbol{R}_{s'}) \tag{3.30}$$

同时借助式 (3.29) 把化学势对 $\boldsymbol{R}_{s'}$ 的导数变为对 $\boldsymbol{r}'$ 的导数，并可以写成三维直角坐标下的梯度算符

$$\frac{\partial\rho(\boldsymbol{r})}{\partial t}$$

$$
\begin{aligned}
&= n\sum_{s=1}^{N}\frac{M_0}{ZN}\nabla_{\boldsymbol{r}}\cdot\int_{V^N}\psi\delta\left(\boldsymbol{r}-\boldsymbol{R}_s\right)\sum_{s'=1}^{N}\int_V\delta\left(\boldsymbol{r}'-\boldsymbol{R}_{s'}\right)\frac{\partial\mu_{s'}\left(\boldsymbol{R}_{s'}\right)}{\partial\boldsymbol{R}_{s'}}\mathrm{d}\boldsymbol{r}'\mathrm{d}\boldsymbol{R}_1\cdots\mathrm{d}\boldsymbol{R}_N \\
&= n\sum_{s=1}^{N}\frac{M_0}{ZN}\nabla_{\boldsymbol{r}}\cdot\int_{V^N}\psi\delta\left(\boldsymbol{r}-\boldsymbol{R}_s\right)\sum_{s'=1}^{N}\int_V\delta\left(\boldsymbol{r}'-\boldsymbol{R}_{s'}\right)\nabla_{\boldsymbol{r}'}\mu_{s'}\left(\boldsymbol{r}'\right)\mathrm{d}\boldsymbol{r}'\mathrm{d}\boldsymbol{R}_1\cdots\mathrm{d}\boldsymbol{R}_N \\
&= n\frac{M_0}{ZN}\nabla_{\boldsymbol{r}}\cdot\int_V\int_{V^N}\psi\sum_{s=1}^{N}\delta\left(\boldsymbol{r}-\boldsymbol{R}_s\right)\sum_{s'=1}^{N}\delta\left(\boldsymbol{r}'-\boldsymbol{R}_{s'}\right)\mathrm{d}\boldsymbol{R}_1\cdots\mathrm{d}\boldsymbol{R}_N\nabla_{\boldsymbol{r}'}\mu_{s'}\left(\boldsymbol{r}'\right)\mathrm{d}\boldsymbol{r}' \\
&= n\frac{M_0}{N}\nabla_{\boldsymbol{r}}\cdot\int_V\left\langle\rho_i\left(\boldsymbol{r}\right)\rho_i\left(\boldsymbol{r}'\right)\right\rangle\nabla_{\boldsymbol{r}'}\mu_{s'}\left(\boldsymbol{r}'\right)\mathrm{d}\boldsymbol{r}' \qquad (3.31)
\end{aligned}
$$

从上式的最后一行可以看出，介观尺度上的密度演化方程中 Rouse 动力学模型效应归结为单体的非局域扩散系数，其形式为单链上单体的对关联函数。所以通常包含 Rouse 模型的 Cahn-Hilliard 方程可以表示为

$$
\frac{\partial\rho\left(\boldsymbol{r}\right)}{\partial t}=\frac{M_0}{N}\nabla_{\boldsymbol{r}}\cdot\int_V g_0\left(\boldsymbol{r},\boldsymbol{r}'\right)\nabla_{\boldsymbol{r}'}\mu_{s'}\left(\boldsymbol{r}'\right)\mathrm{d}\boldsymbol{r}' \qquad (3.32)
$$

式中的 $g_0(\boldsymbol{r},\boldsymbol{r}')$ 为单链的对关联函数。

3.5　小结与讨论

本章在第 2 章高分子共混体系的场论理论基础之上，介绍了相分离的动力学理论及其数值计算方案。这一系列理论在形式上与小分子共混体系的相分离理论是一致的，不同之处在于这里考虑了高分子链状构象的效应：自由能求解中的自洽迭代和非局域扩散系数的引入。大量的实践研究表明，这一套动态密度泛函理论在介观尺度上对于相分离动力学的描述是准确的，并且在外势场动力学提出后该理论的计算效率大大提高，从而推动了复杂体系中的相分离动力学理论计算的研究。

需要指出的是本章的推导过程中始终包含一个前提假设，即在相分离过程当中，高分子链构象 (体现为传播子 $q(\boldsymbol{r},s)$) 的变化速度要远远快于体系密度分布 $\phi(\boldsymbol{r})$ 的变化速度。在第 2 章导出高分子链构象统计的过程中，我们提到单个高分子链就构成一个热力学系统。这样对于多链的整个共混体系来讲又是一个大的热力学系统。我们所关心的整个共混体系相分离的演化规律，事实上是包含了一大一小两个尺度热力学系统的动力学过程。而在本章的理论当中，无论是自由能的变化还是非局域的扩散系数都忽略了高分子链的弛豫过程。这表现为在动力学方程演化的每一个时刻，都是在给定的辅助场下求解高分子链的平衡构象 $q(\boldsymbol{r},s;\omega)$。从实际上来看，我们的理论主要应用在介观尺度上，而在这一尺度上链的弛豫总要快于密度的变化，因而这一理论的预言在介观上是可靠的。

参 考 文 献

[1] Oono Y, Puri S. Computationally efficient modeling of ordering of quenched phases. Phys. Rev. Lett., 1987, 58(8): 836-839.

[2] Chakrabarti A, Toral R, Gunton J D, et al. Spinodal decomposition in polymer mixtures. Phys. Rev. Lett., 1989, 63(19): 2072-2075.

[3] Kim W C, Pak H. Dynamics of interdiffusion at interface between partially miscible polymers. Kor. Chem. Soc., 1999, 20(12): 1479-1482.

[4] Kim W C, Pak H. Interdiffusion at interfaces of binary polymer mixtures with different molecular weights. Kor. Chem. Soc., 1999, 20(11): 1323-1328.

[5] Chakrabarti A, Toral R, Gunton J D, et al. Dynamics of phase separation in a binary polymer blend of critical composition. J. Chem. Phys., 1990, 92(11): 6899-6909.

[6] Castellano C, Glotzer S C. On the mechanism of pinning in phase-separating polymer blends. J. Chem. Phys., 1995, 103(21): 9363-9369.

[7] Aksimentiev A, Moorthi K, Holyst R. Scaling properties of the morphological measures at the early and intermediate stages of the spinodal decomposition in homopolymer blends. J. Chem. Phys., 2000, 112(13): 6049-6062.

[8] Aksimentiev A, Holyst R. Influence of the free-energy functional form on simulated morphology of spinodally decomposing blends. Phys. Rev. E, 2000, 62 (5 Pt B): 6821-6830.

[9] Henderson I C, Clarke N. Two-step phase separation in polymer blends. Macromolecules, 2004, 37(5): 1952-1959.

[10] Oono Y, Puri S. Study of phase-separation dynamics by use of cell dynamical systems. I. Modeling. Phys. Rev. A, 1988, 38(1): 434-453.

[11] Oono Y, Puri S. Study of phase-separation dynamics by use of cell dynamical systems. Ⅱ. Two-dimensional demonstrations. Phys. Rev. A, 1988, 38(3): 1542-1565.

[12] Zhang Z L, Zhang H D, Yang Y L. The effect of shear flow on morphology and rheology of phase separating binary mixtures. J. Chem. Phys., 2000, 113(18): 8348-8361.

[13] Zhang Z L, Zhang H D, Yang Y L, et al. Rheology and morphology of phase separating polymer blends. Macromolecules, 2001, 34(5): 1416-1429.

[14] Zhang J N, Zhang Z L, Zhang H D, et al. Kinetics and morphologies of viscoelastic phase separation. Phys. Rev. E, 2001, 64 (5 Pt 1): 051510.

[15] Luo K F, Zhang H D, Yang Y L. The chain stretching effect on the morphology and rheological properties of phase-separating polymer blends subjected to simple shear flow. Macromol. Theory Simul., 2004, 13(4): 335-344.

[16] Huo Y L, Zhang H D, Yang Y L. The morphology and dynamics of the viscoelastic microphase separation of diblock copolymers. Macromolecules, 2003, 36(14): 5383-5391.

[17] Huo Y L, Zhang H D, Yang Y L. Hydrodynamic effects on phase separation of binary mixtures with reversible chemical reaction. J. Chem. Phys., 2003, 118(21): 9830-9837.

[18] Fraaije J G E M. Dynamic density functional theory for microphase separation kinetics of block copolymer melts. J. Chem. Phys., 1993, 99(11): 9202-9212.

[19] Fraaije J G E M, van Vlimmeren B A C, Maurits N M, et al. The dynamic mean-field density functional method and its application to the mesoscopic dynamics of quenched block copolymer melts. J. Chem. Phys., 1997, 106(10): 4260-4269.

[20] Fraaije J G E M, Maurits N M. Application of free energy expansions to mesoscopic dynamics of copolymer melts using a Gaussian chain molecular model. J. Chem. Phys., 1997, 106(16): 6730-6743.

[21] Maurits N M, Fraaije J G E M. Mesoscopic dynamics of copolymer melts: from density dynamics to external potential dynamics using nonlocal kinetic coupling. J. Chem. Phys., 1997, 107(15): 5879-5889.

[22] Fraaije J G E M, Sevink G J A. Model for pattern formation in polymer surfactant nanodroplets. Macromolecules, 2003, 36(21): 7891-7893.

[23] Fredrickson G H, Ganesan V, Drolet F. Field-theoretic computer simulation methods for polymers and complex fluids. Macromolecules, 2002, 35(1): 16-39.

[24] Müller M, Schmid F. Incorporating fluctuations and dynamics in self-consistent field theories for polymer blends. Adv. Polym. Sci., 2005, 185: 1-58.

[25] Fredrickson G H. The Equilibrium Theory of Inhomogeneous Polymers. Oxford: Oxford University Press, 2006.

[26] Yeung C, Shi A C. Formation of Interfaces in incompatible polymer blends: a dynamical mean field study. Macromolecules, 1999, 32(11): 3637-3642.

[27] Hasegawa R, Doi M. Adsorption dynamics. Extension of self-consistent field theory to dynamical problems. Macromolecules, 1997, 30(10): 3086-3089.

[28] Ly D Q, Honda T, Kawakatsu T, et al. Kinetic pathway of gyroid-to-cylinder transition in diblock copolymer melt under an electric field. Macromolecules, 2007, 40(8): 2928-2935.

[29] Honda T, Kawakatsu T. Hybrid dynamic density functional theory for polymer melts and blends. Macromolecules, 2007, 40(4): 1227-1237.

[30] Honda T, Kawakatsu T. Epitaxial transition from gyroid to cylinder in a diblock copolymer melt. Macromolecules, 2006, 39(6): 2340-2349.

[31] Morita H, Kawakatsu T, Doi M, et al. Competition between micro- and macrophase separations in a binary mixture of block copolymers. A dynamic density functional study. Macromolecules, 2002, 35(19): 7473-7480.

[32] Reister E, Müller M, Binder K. Spinodal decomposition in a binary polymer mixture: dynamic self-consistent-field theory and Monte Carlo simulations. Phys. Rev. E, 2001, 64(4 Pt 1): 041804.

[33] Kawasaki K, Sekimoto K. Morphology dynamics of block copolymer systems. Physica A, 1988, 148(3): 361-413.

第 4 章　亚稳定高分子共混体系中相分离的临界核生长动力学

4.1　简　　介

自然界中像水的沸腾、冰的熔解和物体磁化等常见的物态变化都是一级相变。一级相变都要涉及一个新相在亚稳定基质当中的诞生和生长。基质是亚稳的意味着不是所有的涨落都能演化成一个新的相。界面张力的贡献使得只有波长和振幅足够大的涨落才能幸存，并继续生长；而较小的涨落会湮灭掉。决定涨落生长与否的热力学判据就是临界核，即只有大于临界核的涨落才可以生长为一个新相。根据热力学理论的计算可以确定这个判据。它可以理解为界面张力和核内外压力差的力学平衡。一般用形成临界核所消耗的自由能来描述体系的亚稳定性。形成的临界核倾向于长大来减小相界面面积 (Ostwald 熟化)。这一过程通常由 Lifshitz、Slyozov 和 Wagner(LSW) 理论来描述对自由能的相对贡献。这就是成核–生长的经典理论描述 [1]。

临界核的经典理论来自于 Gibbs 对亚稳体系相转变的研究。这是基于 Gibbs 的均匀相理论，即假设界面是没有结构的。然而在临界核这样小的体积上，界面的结构是不可以忽略的 [2]。因此需要发展不均匀体系的热力学理论来描述成核–生长问题。而密度泛函理论正是这样一种理论。早在 20 世纪 50 年代 Cahn 和 Hilliard 就在弱不均匀近似 ($\nabla\phi \to 0$) 下写出唯象的自由能密度泛函 [3]，计算了亚稳定小分子共混体系相分离的临界核的性质 [2]。这个工作指出，更真实的临界核不是能严格区分本体区和界面区的硬球，而是密度呈连续分布的弥散结构，并且体系不同的亚稳定性对应着不同形貌的临界核。接着 McCoy 在他的系列工作中用小分子的密度泛函理论计算了小分子结晶的临界核问题 [4]。近年来 Balsara 及其合作者用小角中子散射研究了亚稳定高分子共混体系在相分离初期的动力学行为，他们证明硬球形的经典核模形不能完全描述临界核性质 [6−11]。Chandler 和 Balsara 又通过 Ising 模型的蒙特卡罗模拟和小角中子散射实验的对比研究了体系的成核动力学 [12,13]。这些实验和计算机模拟工作描绘出了非经典的临界核图景。在这个图景中经典的无结构界面假设 ($\nabla\phi \to \infty$) 和 Cahn 的缓变界面假定 ($\nabla\phi \to 0$) 都不能全面描述全部非经典核的性质。王振纲及其合作者用高分子物理理论中的自洽场理论计算了二元高分子共混体系整个亚稳区中的临界核的形态 [14]。

这个工作表明经典的临界核描述仅在双节线附近的亚稳区适用，即核中心浓度约为相应温度下共存相的浓度，界面很窄可以近似为无结构界面，如图 4.1 所示。而对于大部分的亚稳区中的临界核中心浓度都不等于共存相浓度。这时界面的结构变得十分重要；整个核沿着径向的浓度分布不能明确地分辨出核中心区域和界面区域。因此经典的临界核图像在远离双节线时变得不够准确。随着亚稳定性的不断降低，临界核中心浓度不断降低，临界核不断展宽，变得更加弥散。在靠近旋节线时完全回到 Cahn 的宽界面近似 ($\nabla\phi \to 0$)。这个理论工作提供了清晰的临界核形态，为解释成核初期的实验观测提供了坚实的理论依据和直观的物理图景。利用这一套发展起来的求解临界核的理论方法，王振纲等又考虑了涨落的影响 [15] 以及表面活性剂对于成核势垒的影响 [16]。在进一步的工作中他们讨论了实际体系中更普遍的异相成核问题 [17]。在假定异相成核中心是与成核组分完全浸润的球形粒子的情况下，考察了表面性质 (吸附势大小) 和粒子尺寸对于成核势垒的影响。我们课题组的工作又关注了高分子的多分散性的效应 [18]。这些实验和理论的积累已经明确了临界核的热力学性质。由于核中心的浓度是不均匀的并且远离稳定的共存浓度，因而在远离双节线的情况下临界核还不能认为是一个成熟的相。

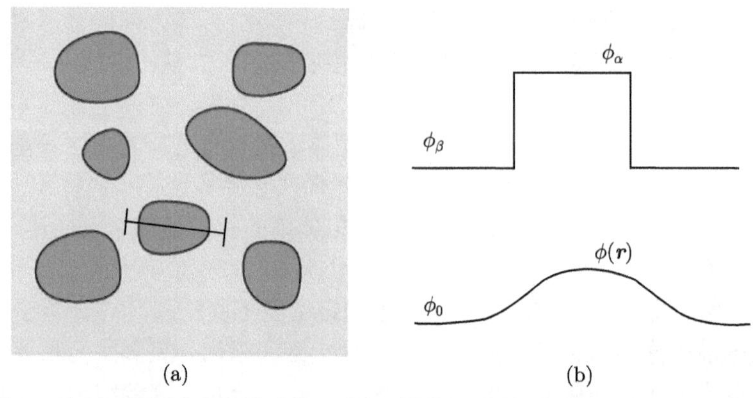

图 4.1 图 (a) 表示亚稳区中相分离成核、生长过程的形态；图 (b) 中上下两图分别给出经典核模型和密度泛函核模型的浓度分布图，其中 ϕ_α 和 ϕ_β 对应于某过冷度下两个共存相浓度，ϕ_0 对应于系统的平均浓度

根据经典理论，在亚稳定区和不稳定区相分离的动力学表现出很不相同的行为。临界核生长是相区浓度不变而尺度不断增加的生长模式；不稳定区中的旋节线相分离则是相区尺度不变而浓度不断增加的生长模式。这里非经典的临界核图景给相分离初期的动力学提出了新的问题。非经典临界核不再是一个成熟的相，而且其形态强烈地依赖于体系的亚稳定性。它的生长模式不仅仅是尺寸的长大，同时核中也要发生浓度的积累。因而成核触发的相分离应包括临界核长成为相和成

熟的相生长两个阶段。对于第二阶段即在相的生长过程中涉及的新相体积长大和不同相区间相互关联与碰撞，同经典成核–生长理论描述是完全一致的。令人感兴趣的问题是在相生成之前弥散分布的临界核是如何生长为相的。这一阶段的动力学特征对人们来说是完全是陌生的。特别是其生长动力学性质对亚稳定性的依赖规律是给出成核–生长与旋节线相分离生长两种机制统一认识的关键。另外，亚稳区中临界核的早期生长动力学也是以密度泛函理论为基础的非经典成核、生长理论必然的要求。

本章对亚稳定的高分子共混体系相分离过程中单个核的生长行为进行研究。通过考察亚稳定性对于单个临界核生长的影响，在整个亚稳区中给出直观的临界核生长图景。通常研究相分离现象的方法是在无穷大体系中模拟热涨落下的实验过程 [12,19]，而我们这里的方案是研究局限在单个核附近的扩散动力学。由于亚稳定区中的相分离问题总来源于小区域结构的形成和生长，因而单个核生长的研究能够展示出比无穷大体系模拟更清晰、直观的相分离细节信息，这对于理论上亚稳区相分离机制的探究和应用中的体系相分离结构的调控都有重要意义，特别是近年来微米、纳米级结构制备和操控技术的进步迫切要求对单个核或体系的局域动力学性质有清晰的认识。另外，在不稳定区的旋节线相分离是在整个实空间同时发生相分离，而倒空间中动力学演化则局限在 $q_{\max}$ 附近很窄的区域 (实空间中的扩展态，倒空间中的局域态)[20]。与之相对的成核–生长相分离则是在实空间中局限在很窄的区域，而倒空间则是几乎所有模式都同时参与演化 (实空间中的局域态，倒空间中的扩展态)。因此旋节线相分离的计算在倒空间可以用单一的模式近似 [21]，而在实空间则用无穷大体系来研究比较有利 [19]。由于成核–生长相分离的演化性质在实空间主要是局域的，因而我们在实空间有限体积中研究单个临界核的生长是恰当的。

在本章中，我们用自洽场理论确定亚稳定高分子共混物的亚临界核和过临界核的形态，并以它们为初始条件，利用外势场动力学方程组研究核形态的演化特征，以及整个亚稳定区域中亚稳定性对临界核生长动力学性质的影响。另外，在弱不均匀近似下 ($\nabla\phi \to 0$) 化简动力学方程为 Ginzburg-Landau 形式。通过对方程局域扩散性质的分析给出了亚稳区的各个子区域以及不稳定区中不同生长特性的直观物理解释。

4.2 临界核的热力学模型

我们考虑一个不可压缩的高分子 A 和 B 的共混熔体，两种高分子都是线性的柔性高分子，具有相同的聚合度 N。为了简单起见，我们选取两种高分子有相同的单体体积 v_0 和 Kuhn 长度 b。由于关心的是一个临界核在亚稳态基质中的生长，因此在巨正则系综中计算更为方便。我们选取一个体积为 V 的系统与亚稳的大粒子源系统平衡，这个粒子源系统保持固定的混合比例 ϕ_{A0}。我们通过第 2 章介绍的场论方法写出体系的巨势泛函：

$$G[\mu_+,\mu_-]=\int \mathrm{d}\boldsymbol{r}\frac{\rho_0}{\chi}\mu_-^2(\boldsymbol{r})-\int \mathrm{d}\boldsymbol{r}\rho_0\mu_+(\boldsymbol{r})-Z_AVQ_A[\omega_A]-Z_BVQ_B[\omega_B] \tag{4.1}$$

其中，$Z_\alpha=\exp(\mu_\alpha)$ 是高分子 α 的逸度；μ_α 是高分子 α 的化学势；ρ_0 是平均单体密度；χ 是 Flory-Huggins 相互作用参数；$Q_\alpha[\omega_\alpha]$ 是单个 α 高分子链在涨落场 ω_α 中的配分函数，可以表示为传播子的两端积分，其形式为

$$Q_\alpha=\frac{1}{V}\int \mathrm{d}\boldsymbol{r}q_\alpha(\boldsymbol{r},N) \tag{4.2}$$

涨落场 $\omega_\alpha(\boldsymbol{r})$ 为 $\mu_\pm(\boldsymbol{r})$ 的线性组合，$\omega_A(\boldsymbol{r})=\mu_+(\boldsymbol{r})-\mu_-(\boldsymbol{r})$ 和 $\omega_B(\boldsymbol{r})=\mu_+(\boldsymbol{r})+\mu_-(\boldsymbol{r})$。一端积分的传播子 $q_\alpha(\boldsymbol{r},s)$ 满足扩散方程

$$\left[\frac{\partial}{\partial s}-\frac{b^2}{6}\nabla^2+\omega_\alpha(\boldsymbol{r})\right]q_\alpha(\boldsymbol{r},s)=0 \tag{4.3}$$

其初始条件为 $q_\alpha(\boldsymbol{r},0)=1$。对巨势泛函取一阶变分导数可以得到自洽场方程组

$$\begin{aligned}&\frac{2}{\chi}\mu_-(\boldsymbol{r})-\phi_A(\boldsymbol{r},\omega_A)+\phi_B(\boldsymbol{r},\omega_B)=0\\&\phi_A(\boldsymbol{r},\omega_A)+\phi_B(\boldsymbol{r},\omega_B)=1\\&\phi_\alpha(\boldsymbol{r})=Z_\alpha\int_0^N \mathrm{d}sq_\alpha(\boldsymbol{r},N-s,\omega_\alpha)q_\alpha(\boldsymbol{r},s,\omega_\alpha)\end{aligned} \tag{4.4}$$

链的逸度 Z_A 和 Z_B 可以根据相平衡条件 $\mu_\alpha^{\text{nucleus}}=\mu_\alpha^{\text{bulk}}$，从本体相来确定。在本体中体系是均相态，因而密度 ϕ_α 和辅助场 ω_α 都是空间均匀的。这样在式 (4.3) 中包含 ∇^2 算符的一项为 0。通过求解方程 (4.3) 可以得到 $q_\alpha(\boldsymbol{r},s)=\exp(-\omega_\alpha^0 s)$。这里我们用角标 0 来标志本体的均相态，于是本体中的自洽场方程组可以写为

$$\begin{aligned}&\omega_A^0-\omega_B^0=\chi\left(1-2\phi_A^0\right)\\&\phi_A^0=Z_AN\exp(-\omega_A^0N)\\&\phi_B^0=Z_BN\exp(-\omega_B^0N)\\&\phi_A^0+\phi_B^0=1\end{aligned} \tag{4.5}$$

因为 Z_A 和 Z_B 是线性无关的，所以为简单起见我们取 $Z_B=1$。代入上式可得

$$\begin{aligned}
\omega_B^0 &= -\frac{1}{N}\ln\left(1-\phi_A^0\right) \\
\omega_A^0 &= \omega_B^0 + \chi\left(1-2\phi_A^0\right) \\
Z_A &= \frac{f_A^0}{N}\exp\left[-\frac{1}{N}\ln\left(1-f_A^0\right)+\chi\left(1-2f_A^0\right)\right]
\end{aligned} \tag{4.6}$$

这样在给定了本体浓度 ϕ_A^0 后，临界核区中的巨势泛函就可以表示出来，同时自洽场方程组变成一个封闭的非线性方程组，可以数值求解。我们定义临界核的自由能势垒 (过剩自由能) ΔG 为从均相的亚稳本体相中形成一个核的能耗。它可以表示为临界核与均相本体的巨势之差

$$\Delta G = G - G^0 \tag{4.7}$$

由于核的形态是浓度沿径向方向的弥散分布，且随着外界条件的变化，核的形态变化很大，因而不能像经典理论中那样用体积表征核的大小。我们用核相对于本体中高分子 A 过剩的物质的量 M^{ex} 来描述核的大小，其定义为

$$M^{\text{ex}} = 4\pi\int_0^{\infty} r^2\mathrm{d}r\left[\phi_A(r)-\phi_A^0\right] \tag{4.8}$$

自洽场方程组的解对应于巨势泛函的一阶变分导数，原则上来讲巨势泛函的极大值和极小值都是自洽平均场方程组的解，区别它们需要求出巨势泛函的二阶变分导数。而且从一般的迭代格式求解自洽场方程组，都会从一个猜测的解上松弛到巨势泛函的极小值解上。而所要求的临界核恰恰对应于巨势泛函的极大值，因而需要采用特殊的方法来求解。一种办法 [14] 是人为地引入一个外势场，根据密度泛函的理论，这个外加势场会对应一个密度分布。如果某个密度分布恰好对应于自由能极大的临界核，那么这个外场将趋近于零。实际的操作方法是固定核的某一半径 r^* 上的浓度值，即在巨配分函数中引入一个 δ 函数，继而根据傅里叶变换构造人为的辅助场 ε

$$\delta\left[\phi\left(r^*\right)-\phi^*\right] = \int \mathrm{d}\varepsilon\exp\left(\mathrm{i}\varepsilon\left[\phi\left(r^*\right)-\phi^*\right]\right) \tag{4.9}$$

通过调整固定浓度 ϕ^* 的大小以及位置 r 来计算剩余质量 M^{ex} 和能耗 ΔG，总可以得出自由能势垒图，如图 4.2 所示。当 ΔF 趋于能垒顶端时，外场 ε 逐渐减小为零。此时上面所示 δ 函数的贡献为零，我们就得到了巨势泛函极大值对应的临界核。

根据成核理论，仅有当一个涨落的过剩质量 M^{ex} 超过临界核的 M_{c} 时，这个涨落才能继续长大从而诱发相分离 (对应于图 4.2 中右侧的动力学路径)；否则这个涨落会湮灭 (对应于图 4.2 左侧的动力学路径)。自由能曲线上离开极大值的任意一点，如果没有外场 ε 的帮助，都对应于不稳定的状态。它们总会通过改变

M^{ex} 使得自由能降低。我们把过剩质量小于 M_{c} 的涨落叫作亚临界核；大于 M_{c} 的涨落叫作过临界核。这种自发的动力学行为对应于亚临界核的湮灭和过临界核的生长。此时驱动高分子扩散的交换化学势 μ^* 不为零

$$\mu^*(\boldsymbol{r}) = \frac{\delta G[\mu_+, \mu_-]}{\delta \mu_\pm(\boldsymbol{r})} \neq 0 \tag{4.10}$$

这个势场将驱动核附近的体系沿着图 4.1 所示的路径演化来降低自由能。为了确定动力学研究的初始形貌，我们改动核的密度分布使其自由能稍稍偏离临界核对应的 M_{c}。我们用外场 ε 来标志核的性质，当 $\varepsilon > 0$ 时为亚临界核，而当 $\varepsilon < 0$ 时对应过临界核。实际计算时我们选取统一的不稳定核的标准为 $|\varepsilon| \approx 10^{-3}$。

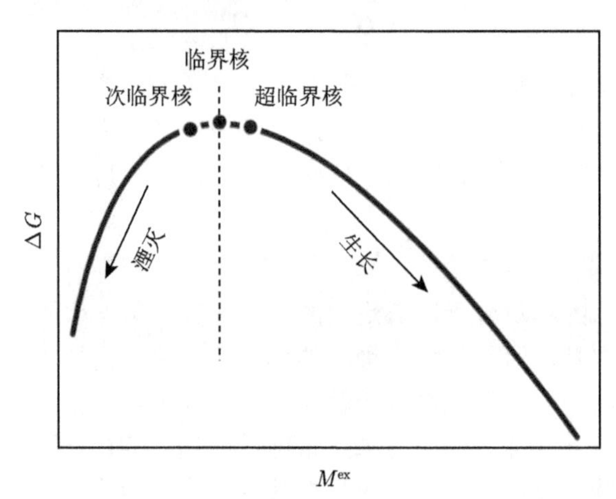

图 4.2　自由能势垒关于核中高分子 A 的量 M^{ex} 的关系。如果一个涨落的 M^{ex} 小于临界核的 M_{c}，则被称为亚临界核，它会沿着左侧的动力学路径湮灭；反之则称为过临界核，并倾向于沿右侧的动力学路径生长成为新相

我们忽略体系中核的各向异性，在球坐标系中写出自洽场方程组的径向分量，对整个方程组都采用有限差分方法使方程组离散化，通过 Newton-Broyden 算法迭代得到非线性方程收敛解，得到的临界核的浓度分布 $\phi_A(r)$ 和辅助场 $\omega_\alpha(r)$ 都作为 EPD 方程组的初始条件输出。

4.3　临界核的生长动力学

在上面临界核的热力学描述基础上，我们借助相变动力学的方法研究核的生长和湮灭的动力学性质。在第 3 章的理论中我们介绍过用 Cahn-Hilliard-Cook 方程描述 Flory-Huggins-de Gennes(FHD) 模型的共混体系相分离问题。由于可以实现高效的数值计算，所以这种方法广泛地用于研究旋节线相分离 [19]、界面形态演

化 [22] 等问题。然而由于 FHD 自由能是在弱不均匀假设 ($\nabla\phi \to 0$) 下得到的，因而在研究远离旋节线的相分离性质时并不准确。为了考察完整的高分子构象信息，这里引入精确自洽场求解的自由能，即前面提到的动态自洽场理论 [23]。这一理论被用来研究界面的形成 [24]、吸附动力学 [25] 和嵌段共聚物有序结构之间的转变 [26]。为了计算含有单链动力学特性的自洽场，我们用辅助场 $\mu_\pm$ 演化的方程代替密度 ϕ 演化的方程，即所谓的外势场动力学 (EPD) 方程 [27,28]。对于不稳定区中旋节线相分离的研究表明，EPD 理论是研究高分子共混体系相分离问题的高效方法 [29]。在此理论框架下我们可以在整个亚稳区中精确快速地计算核的演化动力学。详细的论述参见第 3 章，这里我们直接给出动力学方程的形式

$$\begin{aligned}
&\frac{\partial\mu_-(\boldsymbol{r},t)}{\partial t} = \Lambda_{\text{EPD}}\nabla_{\boldsymbol{r}}^2\frac{\delta G[\mu_-,\mu_+]}{\delta\mu_-(\boldsymbol{r},t)}\\
&\frac{\delta G[\mu_-,\mu_+]}{\delta\mu_+(\boldsymbol{r},t)} = 0
\end{aligned}\tag{4.11}$$

需要特别指出的是 EPD 方程组中的扩散系数 $\Lambda_{\text{EPD}} = \chi D/2$ 与淬火深度 χN 有关。辅助场 μ_- 和 μ_+ 是单体上外场 ω_α 的线性组合。我们把平衡态自洽场方程组求得的亚临界核和过临界核对应的辅助场 μ_- 和 μ_+ 作为初始条件代入方程 (4.11) 中，来研究这些核的动力学性质。

这里仅考虑各向同性核的动力学，可以把 EPD 方程组写到球坐标系的径向方向。这样整个问题可以在一维空间求解。代入交换化学势 μ^* 的形式，可以得出

$$\begin{aligned}
&\frac{\partial\mu_-(r,t)}{\partial t} = \Lambda_{\text{EPD}}\left(\frac{2}{r}\frac{\partial}{\partial r}+\frac{\partial^2}{\partial r^2}\right)\left\{\frac{2}{\chi}\mu_-(r,t)-\phi_A(r;[\omega_A(t)])-\phi_B(r;[\omega_B(t)])\right\}\\
&\left[\frac{\partial}{\partial s}-\frac{b^2}{6}\left(\frac{2}{r}\frac{\partial}{\partial r}+\frac{\partial^2}{\partial r^2}\right)+\omega_\alpha(r)\right]q_\alpha(r,s)=0\\
&\phi_\alpha(r) = Z_\alpha\int_0^N \mathrm{d}s q_\alpha(r,N-s,\omega_\alpha)\,q_\alpha(r,s,\omega_\alpha)\\
&\phi_A(r;[\omega_A(t)])+\phi_B(r;[\omega_B(t)]) = 1\\
&\omega_A(r) = \mu_+(r)-\mu_-(r)\\
&\omega_B(r) = \mu_+(r)+\mu_-(r)
\end{aligned}\tag{4.12}$$

这一组动力学方程在坐标原点和所选取盒子的边界上都满足无流的边界条件，即 $\partial\mu_-/\partial r|_{r=0} = \partial\mu_-/\partial r|_{r=b} = 0$。结合用前面所述的平衡态自洽场理论求出的初始条件，我们可以自洽地求解上面的系列方程。我们用同求解平衡态自洽场方程组一样的方法对空间和周线变量离散化。对时间方向用二阶精度的 Crack-Niclson 方法把辅助场 μ_- 满足的动力学方程写为差分形式。这样对于相邻的每两个时间

步都满足一套自洽的非线性方程组。我们同样用 Newton-Broyden 迭代法保证每一个时刻都得到自洽收敛的 μ_-。接下来把这个新的 μ_- 代入 μ_+ 满足的方程用 Newton-Broyden 方法迭代求解，以保证在每一个时刻都满足不可压缩条件。同时根据收敛的 μ_- 和 μ_+ 计算出每个时间步的径向密度分布 $\phi_A(\boldsymbol{r},t)$。

4.4 结果和讨论

4.4.1 数值结果

由于我们在巨正则系综中研究临界核的生长，即单个核处于无穷大亚稳的本体粒子源之中，因而这个模型不能定量地描述本体浓度的变化。而且成核–生长相分离的机制不同于旋节线相分离。旋节线相分离的整个体系都处于不稳定状态，所以整个体系同时开始相分离；而成核–生长则是在亚稳定体系中随机地产生局域的相分离中心 (过临界核)。而且各个临界核产生的时间并不一致，这不仅使临界核产生尺寸分布而且不同时期产生的核所处的本体浓度也并不一样。这使得我们的动力学研究限于相分离刚开始的临界核生长初期。这一时期核之间的相互作用以及核的生长对于本体的耗尽效应是可以忽略的。

这里我们不考虑高分子链长对于临界核演化动力学的影响，因此可以方便地选取 χN 来表征本体体系的不相溶性，并且选取均方末端距的平方根 $N^{1/2}b$ 作为长度单位，动力学演化的时间单位为

$$\tau = \frac{2Nb^2}{\chi D} \tag{4.13}$$

为了可以与前人的理论和实验工作相比较，我们选取本体的 A 组分的体积分数为 $\phi_{A0} = 0.16$。这样我们考察的亚稳区的范围为 χN 从 2.44 到 3.72。

我们首先从自由能和核的大小随时间的演化两个方面来初步表征核演化动力学。由于体系处于自由能较高的非平衡状态，在交换化学势 $\mu^* = \delta G/\delta\phi$ 的驱动下，真实存在的动力学过程总是使体系向自由能不断减小的状态演化。因而在研究中我们计算了自由能 ΔF 随时间的演化，以证实我们给出的是可信的动力学过程。前面提到在经典理论中由于临界核的浓度是均匀的，所以可以用核的体积或半径来直接刻画。然而在密度泛函意义下我们选择了成核物质的过剩质量 M^{ex} 来表征核的大小。根据定义 M^{ex} 反映了所考察的盒子中高分子 A 体积分数的净增加量。在巨正则系综中本体相为无限大的粒子源，对于过临界核的生长过程，核中高分子 A 净增加量可以认为是来自无穷远处的高分子 A。而亚临界核的湮灭则对应于相反的过程。

在图 4.3 中我们列举了位于亚稳区中央时 ($\chi N = 3.1$) 亚临界核和过临界核的湮灭和生长动力学。插图为核大小 M^{ex} 和自由能 ΔG 随时间的变化。从自由

能的演化图来看这两个过程都是自由能降低的过程，分别对应于图 4.2 的湮灭和生长两个过程。可见对应同一个临界核，微小的差别即可以导致完全不同的演化路径。在图 4.3(a) 中，亚临界核的 M^{ex} 随着时间逐渐减小，这表明亚临界核在不断地溶解到本体中。由相应的形态演化图可见，小于临界核的涨落倾向于回到序参量在本体中的平均值。这一过程对应着亚临界核中心浓度不断降低，径向浓度分布逐渐变得越来越弥散。相反，当涨落幅度大于临界核时共混体系在这一局部变得不再稳定，触发了局域的相分离。如图 4.3(b) 所示，高分子 A 不断地向核中富集，而高分子 B 则被排除到本体当中，这导致过临界核中心浓度趋于这一过冷度下共存态的浓度，同时界面逐渐趋于这一过冷度下的平衡界面。这一过程正是我们要关注的从临界核到相的转变过程，接下来我们将细致地考察整个亚稳区中过临界核的生长规律。

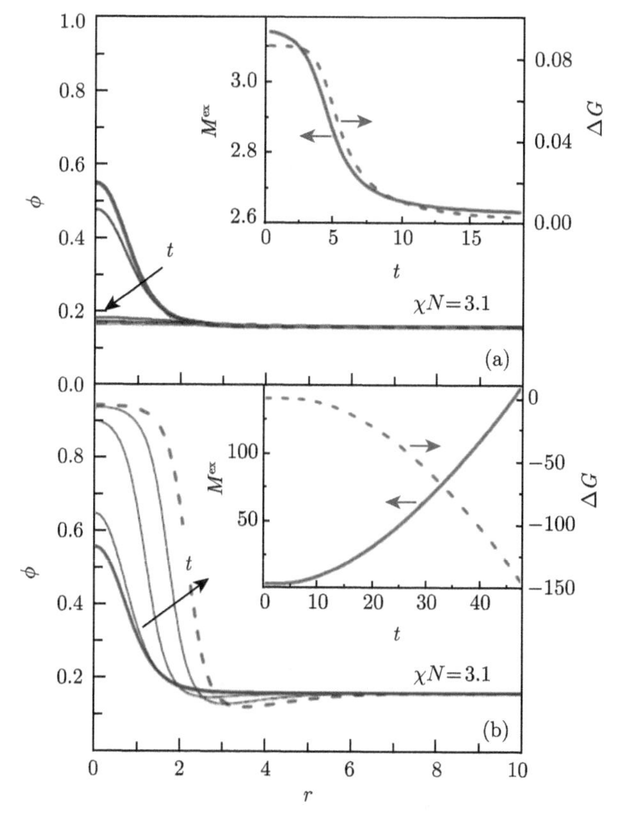

图 4.3 $\chi N = 3.1$ 时亚临界核的湮灭 (a) 和生长 (b) 过程。插图给出核大小 M^{ex} 和自由能 ΔG 随时间演化的规律

我们知道在核生长的经典理论中核的浓度保持均匀，尺寸长大的规律满足 $R(t) \sim t^{\alpha}$，$\alpha = 1/2$。对于非经典核，这个关系应该对应着 $M^{ex}(t) \sim t^{\alpha}$。这

里我们把双对数坐标中过临界核关系 $M^{\mathrm{ex}}(t)$ 的曲线称为生长曲线。图 4.4 在双对数坐标里展示了 $\chi N = 3.1$ 时的生长曲线。可以看出过临界核的生长分为两个阶段：一个缓慢的诱导期过程；紧跟着一个快速的增长过程。在诱导期，M^{ex} 随时间单调增加。增加的过程没有明显的规律。然而对于第二阶段则满足很好的标度规律 $M^{\mathrm{ex}}(t) \sim t^{\alpha}$。线性拟合第二阶段的生长曲线显示 $\alpha = 1.8$。在这两个阶段中间，还有一个过渡阶段，见图 4.4 中的插图。注意插图中的坐标是半对数坐标，因而直线部分满足 Cahn-Hilliard 理论。它描述了在第一阶段诱导期之后，临界核周围区域的浓度落在旋节线浓度区，因此这一空间区域会发生旋节线相分离，它进一步帮助了成核过程，从而使临界核更快地进入第二阶段。

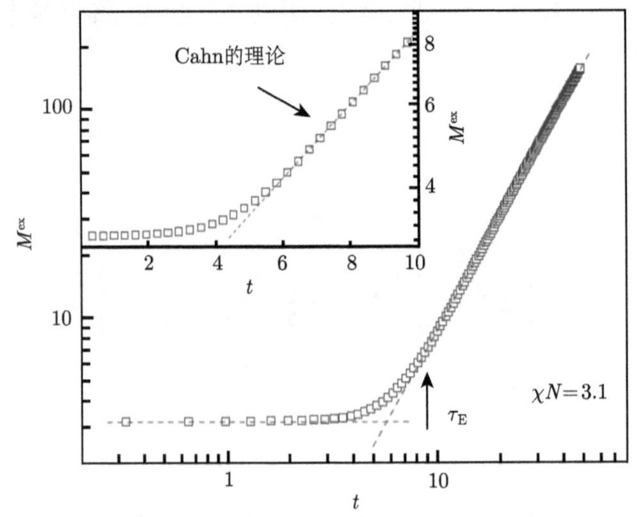

图 4.4　$\chi N = 3.1$ 时过临界核的生长曲线：双对数坐标系中的 M^{ex} 随着时间的演化关系。生长过程明显分为两个阶段，插图为半对数坐标，表明在这两个阶段的转折区中还存在一段满足 Cahn-Hilliard 理论

在整个亚稳区中，不同淬火深度体系的生长曲线都满足相似的规律。我们总结了各个 χN 下第二阶段的增长指数 α 绘在图 4.5 中。α 随着 χN 的增加而单调增加，即过冷度越大核的生长越迅速；而只有在亚稳区中央几乎不依赖于 χN。这样相图中整个亚稳区明显地分为了三个不同区域 (I、II、III)，各个区域中 α 对 χN 的依赖满足截然不同的规律。I 区：在非常靠近双节线的区域中，增长指数 α 非常小，即这一区域中过临界核生长十分缓慢。随着过冷度的降低，α 缓慢增加。由于这一区域的临界核形态和生长动力学行为同经典成核–生长理论的预言十分相近，因而我们把这一区域称为经典区域。II 区：在亚稳区中央 (χN 从 2.8 到 3.4)，生长指数 α 并不随体系亚稳定性的变化而变化，而是基本稳定在常数 1.8 左右。我们把这一区域称为自由生长区。III 区：在十分靠近旋节线的区域，核以

很快的速率增长。生长指数 α 随着 χN 增加而迅速增大。我们称这一区域为临界区。在这三个区域的边界上 α 是跳变的，而不是连续平滑过渡的，这暗示着过临界核在三个区域中有着很不相同的生长模式。

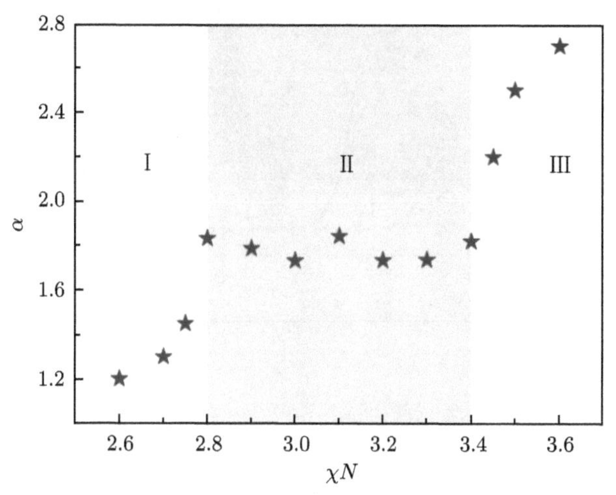

图 4.5 生长指数 α 随不相溶度 χN 的变化。整个亚稳区明显地分为三个子区域，分别为经典区、自由生长区和临界区

本质上三个区域不同的生长特性来源于三个区域亚稳定性 ΔG 对 χN 的不同依赖关系。亚稳定性在靠近双节线和旋节线的区域随 χN 增加而迅速降低，而在亚稳区中央则变化缓慢，直接原因是三个区域中作为初始条件的过临界核的形态特征有很大不同。图 4.6 分别给出了三个区域中不同 χN 的形态对比。在经典区域 (I)，过临界核有明显的核区和形貌接近于平衡态界面的很陡峭的界面区。过临界核中心浓度区域对 χN 变化十分敏感。随着过冷度的增加 (χN 从 2.5 到 2.7)，核中心区域迅速减小，而界面形态则几乎不发生改变；自由生长区域 (II)，不同过冷度的过临界核形态十分接近。核影响的范围 ($\nabla\phi \neq 0$) 基本不随 χN 变化，仅有的差别是不同的 χN 对应不同核的中心浓度。因此在这一区域中 χN 仅影响生长曲线中诱导过程的长短，而并不影响我们考察的第二阶段中 $M^{\mathrm{ex}}(t) \sim t^{\alpha}$ 的规律；对于临界区域 (III)，过临界核除了中心浓度逐渐变小外，随着 χN 的增加过临界核逐渐展宽，即核影响的范围 ($\nabla\phi \neq 0$) 逐渐变大，直到旋节线时这个范围趋于无穷大 [2,14]。也就是说在这个区域中相分离正在由成核–生长机制向旋节线相分离的机制转变。另外需要特别指出的是在靠近旋节线的区域中涨落效应已经不能被忽略，平均场理论的预言不再精确，但是对于生长动力学行为进行定性描述总是可行的。

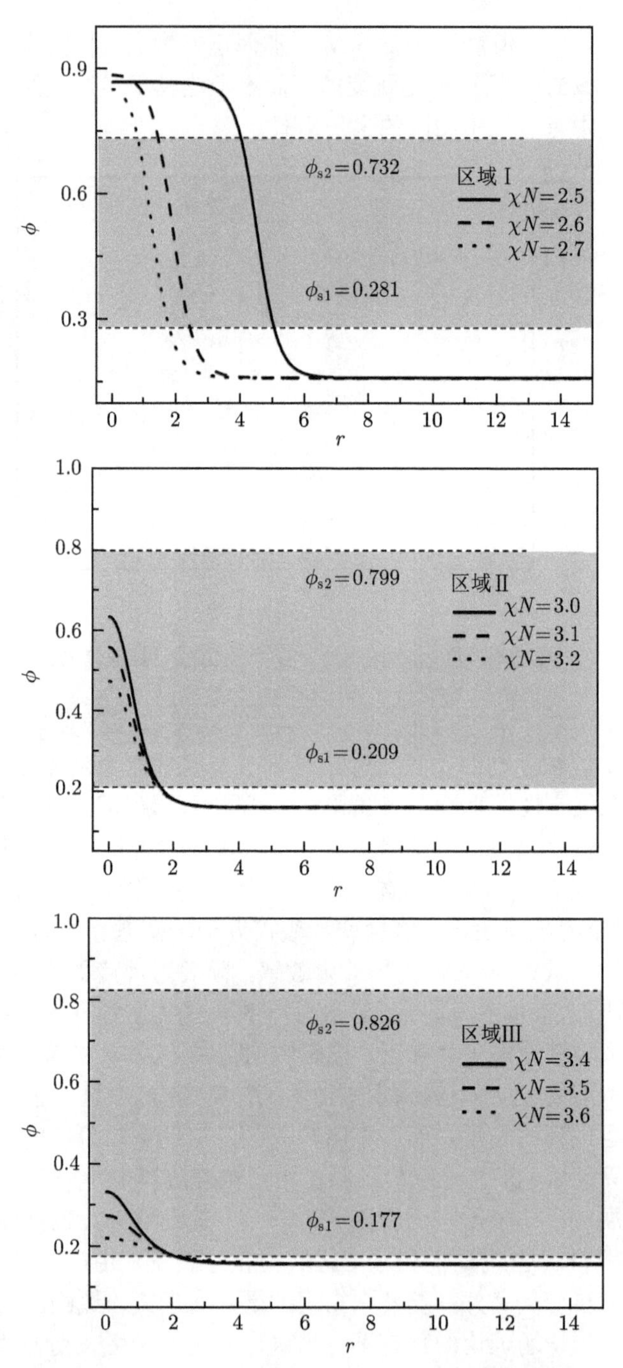

图 4.6　亚稳区的三个子区域 (I、II 和 III) 中典型过临界核的形貌。三个灰色框分别以 $\chi N = 2.5$、3.1 和 3.6 三个过临界核作为参考，标记出了旋节线控制的区域，即相图上给定的 χN 对应的两个旋节点之间的区域

从我们的计算中可以看出过临界核的生长不是自相似的，在生长过程中核的外侧会生成一个耗尽壳层。如图 4.7 所示，在各个 χN 的形貌演化对比中都出现了这种壳层结构 (除非常靠近双节线的经典极限 $\chi N = 2.5$ 外)。在这里高分子 A 被耗尽，而 B 则富集成为一个 B 富集壳层。在经典区和自由生长区，过临界核的整个演化过程仅出现一个 B 富集层；而在临界区 (如 $\chi N = 3.6$)，B 富集层外侧又出现了 A 富集层。这个现象与振动在水面上的传播而产生的涟漪十分相似。为研究这个涟漪的性质，图中对比了不同 χN 下涟漪的产生和演化。核通过耗尽整个本体中的高分子 A 来实现体积的不断长大，即核体积任意小的变化都会导致整个本体区的浓度降低。随着时间的推移，核中心与 B 富集层的界面以及 B 富集层与本体间的界面变得陡峭，并且逐渐接近于无穷大平面界面的形貌。这时过临界核的形态特征与经典区中的临界核十分相似。之后核中心的演化与经典核的生长相似，都是中心区的体积不断变大，而 B 富集层的形貌则变得越来越弥散。

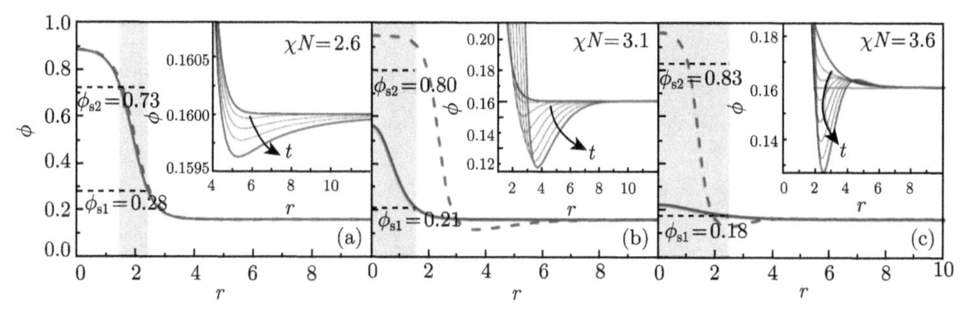

图 4.7 $\chi N = 2.6$、3.1、3.6 等几个过临界核初始形貌和某一时刻形貌的对比图。为显示富集壳层的来源，插图给出了对比的细节信息以及形貌演化过程，绿色区域为旋节线控制区域

事实上，在实验上很早就假设临界核生长中会出现这样的富集层。这一假设被用来解释在胶体粒子结晶的实验中小角光散射的图谱中出现的奇异的散射峰 [33]。在 Balsara 的高分子共混体系成核–生长相分离的小角中子散射中也出现了相似的现象 [6]。特别是在成核后的生长过程中中子散射图显示这时的形貌为一个快速的生长模式叠加在已有的结构上 [9]。本质上这个散射图谱来自于热力学确定的临界核的散射信号和生长模式散射信号的加和。4.4.2 节中我们将讨论临界核的生长机制，以及散射实验中最大生长模式的来源。

4.4.2 定性讨论以及生长动力学的统一描述

虽然相分离在不稳定区域和亚稳定区域中的生长行为迥然不同，但它们遵循的动力学方程是完全相同的。它们所表现出的各异的动力学行为主要来源于不同的初始形态，以及体系的热力学环境。我们这里在弱不均匀近似下 ($\nabla\phi \to 0$) 化简动力学方程为 Ginzburg-Landau 形式。通过对局域扩散的分析可以在物理上给出亚稳区中三个子区域以及不稳定区临界核不同生长特性的直观解释。在此近似下描述链构象的扩散方程可以解析求解，进而精确自由能可以写为朗道形式

$$G=\int\left[\frac{1}{2}\left(\frac{\delta^2 f_{\text{F-H}}}{\delta\phi^2}\right)(\phi-\phi_0)^2+\kappa\left(\nabla\phi\right)^2\right]\mathrm{d}V \tag{4.14}$$

其中 $f_{\text{F-H}}$ 为 Flory-Huggins 形式自由能，κ 可由无规相近似确定。考虑一个单色的涨落模式 $\phi\sim \mathrm{e}^{iqx}$，只要它的波数 q 足够小 (或波长 λ 足够大)，自由能增量就总为负，即体系对于这些模式是不稳定的。这样存在一个最大截止波数

$$q_{\mathrm{c}}=\left(\frac{-\partial^2 f/\partial c^2}{2\kappa}\right)^{1/2} \tag{4.15}$$

在这一理论框架下，无限大平面界面的形貌可以用如下的函数形式给出

$$\phi(x)=\frac{1}{2}\left[(\phi_\alpha+\phi_\beta)+(\phi_\alpha-\phi_\beta)\tanh\left(\frac{x}{2\xi}\right)\right] \tag{4.16}$$

其中 $\phi_{\alpha,\beta}$ 为平衡的共存相浓度；界面宽度可以用体系的涨落关联长度 ξ 来表征，在弱不均匀近似下可以表示为

$$\xi=\left(\frac{\kappa}{-2\partial^2 f/\partial\phi^2}\right)^{1/2} \tag{4.17}$$

由式 (4.15) 和式 (4.17) 可以看出截止波数与涨落关联长度或界面宽度的关系为

$$\frac{1}{q_{\mathrm{c}}}=2\xi \tag{4.18}$$

相分离过程中结构形态演化的驱动力来自局域的交换化学势

$$\mu\times(\boldsymbol{r})=\frac{\delta G[\phi(\boldsymbol{r})]}{\delta\phi(\boldsymbol{r})}=\frac{\delta f_{\text{F-H}}}{\delta\phi}-2\kappa\nabla^2\phi \tag{4.19}$$

可以假定单体浓度的流 $\boldsymbol{J}$ 正比于这个局域的交换化学势 μ^* 的负梯度，即

$$\boldsymbol{J}=-M\nabla\mu^* \tag{4.20}$$

其中比例系数 M 为迁移率。结合流守恒方程 $\partial\phi/\partial t=-\nabla\cdot\boldsymbol{J}$ 可以得到弱不均匀近似下含时的 Ginzburg-Landau 方程

$$\frac{\partial\phi}{\partial t}=M\left(\frac{\delta^2 f_{\text{F-H}}}{\delta\phi^2}\right)\nabla^2\phi-2M\kappa\nabla^4\phi \tag{4.21}$$

虽然这是个简化的方程，但它可以提供比全部信息的动力学方程 (3.5) 更清晰的物理图景。在不均匀度非常弱的情况下 ($\nabla\phi\to 0$)，这个扩散方程中起关键

作用的是第一项。其中 $\nabla^2\phi$ 的系数 $M(\delta^2 f_{\text{F-H}}/\delta\phi^2)$ 可以理解为高分子 A 单体浓度的扩散系数。$\delta^2 f_{\text{F-H}}/\delta\phi^2$ 对应于相图中的旋节线。可以看出在旋节点上扩散系数将变化符号。这意味着相分离过程中体系局域的扩散性质取决于这一位置的浓度和过冷度 χN 在相图中的位置。在相图中某一过冷度 χN 对应的直线与旋节线相交于两点 ϕ_{s1} 和 ϕ_{s2}。从图 4.6 中可以看到，如果 $\phi(\boldsymbol{r})$ 在区间 $(\phi_{\text{s1}}, \phi_{\text{s2}})$ 中，则这一浓度位于旋节线区域，扩散系数为负，分子向各自的富集区域扩散。这种扩散倾向于增大局域的不均匀度 ($\nabla\phi\uparrow$)，或说使界面更陡峭。根据方程 (4.21) 考察这种扩散的动力学性质，可以得到 $\delta\phi = \exp[R(q)]\exp(\mathrm{i}qr)$。其中增长因子

$$\frac{R(\tilde{q})}{Mq_{\text{c}}^2} = \frac{\delta^2 f_{\text{F-H}}}{\delta\phi^2}\left(\tilde{q}^2 - \tilde{q}^4\right) \tag{4.22}$$

这里 $\tilde{q} = q/q_{\text{c}}$。

图 4.8 展示了方程 (4.22) 给出的色散关系。从图中可以看出，不是所有的模式都有着相同的生长速率，而是存在一个最快的生长模式，它对应的波数为

$$q_{\max} = q_{\text{c}}/\sqrt{2} \tag{4.23}$$

从图中还可以看出，当涨落模式的波数 $q > q_{\text{c}}$ 时，$R(q) < 0$，即这个涨落会逐渐湮灭。这种扩散并不是局限在 $\boldsymbol{r}$ 附近的，而是波长为 $1/q_{\max}$ 的振幅不断增长的长程的波。正是由于这种扩散的特殊性质，均匀混合体系的旋节线相分离初期的形貌总是可以用随机取向、随机相位、随机振幅的平面波的线性叠加来模拟 [20]。这里关于这种扩散性质的讨论并没有涉及本体体系所处的热力学状态，而仅涉及局域的浓度，所以这种类型的扩散可以出现在整个不可混区域。在接下来的讨论中我们把这种扩散称为旋节线扩散。相反，如果 $\phi(\boldsymbol{r})$ 不在区间 $(\phi_{\text{s1}}, \phi_{\text{s2}})$ 中，分子由浓度高的地方向浓度低的地方扩散，扩散将降低局域的不均匀度 (Fick 定律)。以上正是在旋节线区中任意小的涨落可以诱发相分离，而在其他区域中涨落倾向于回到平均值的原因。

旋节线扩散不会一直延续下去，从上面的扩散方程来看有三个因素会使扩散停下来。① 当体系形成均匀的相区时，方程 (4.21) 的右侧各项贡献为零，旋节线扩散将停止。② 抑制扩散进一步发生的是方程的第二项扩散系数总是负值，总是倾向于抹平浓度的不均匀。③ 当体系不均匀度足够大，或界面足够陡峭时，扩散方程第二项的作用越来越重要。直到两项的贡献相抵，那么旋节线扩散将停止。另外，在受限体系或有序结构当中，在已有结构的限制下并不是所有的模式都能生长。只有叠加在已有结构上的具有特定取向和相位的模式可以生长。同时在受限体系中那些波长大于受限结构尺寸的模式也不会生长。

当界面形貌接近于平衡态界面形貌时 $\nabla^2\phi$ 和 $\nabla^4\phi$ 两相贡献平衡。这时涨落局限在 $2\xi < 1/q_{\max}$ 的区域中，旋节线扩散不会发生。然而在这种状态下体系仍

然是不稳定的，在界面曲率和核内外化学势差的驱动下会发生演化。Elder 及其合作者用投影算符法把方程 (4.21) 映射到窄界面极限，研究了窄界面近似下的守恒序参量动力学 [34]，预言了增长因子满足如下的色散关系

$$\frac{R(\tilde{q})}{Mq_{\mathrm{c}}^2}=-\frac{1}{6}\frac{\tilde{q}^3}{1-\tilde{q}} \tag{4.24}$$

式中，约化的波矢 $\tilde{q}=q/q_{\mathrm{c}}$。

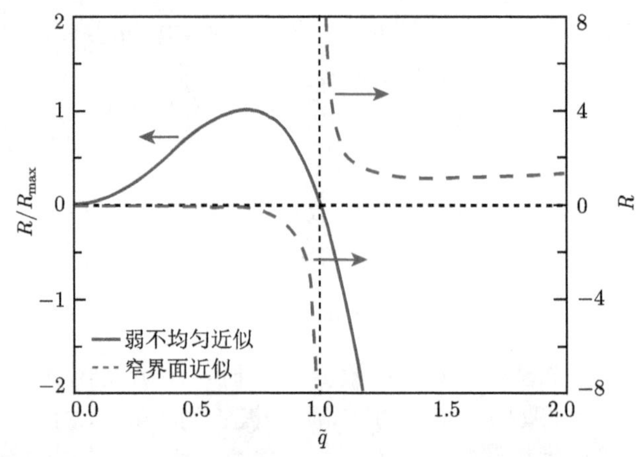

图 4.8 $R(q)$ 与 q 的色散关系：弱分离近似下用实线表示；窄界面近似下用虚线表示。弱不均匀近似下增长因子 R 用其最大值 $R_{\max}$ 进行归一化，而在窄界面近似下直接用其绝对值 R

图 4.8 给出了这一关系同弱不均匀近似下色散关系 (4.22) 的比较。从公式 (4.24) 或图 4.8 中可以看出 q_{c} 是一个奇点。波数 $q<q_{\mathrm{c}}$ 模式的增长因子为负，这表明在窄界面近似下不会发生任何的旋节线扩散。相反，短波 $(q>q_{\mathrm{c}})$ 在窄界面近似下起着关键的作用。从图中可以看出 $R(q)$ 在 q_{c} 和无穷大处是发散的。在此之间随着 q 的增大，$R(q)$ 首先快速降低而后缓慢增加，在 $q=1.5q_{\mathrm{c}}$ 处有一个极小值。对于真实的体系来讲，$R(q)$ 不会在无穷大处发散，且色散关系 (4.24) 应在某一有限的 q 处截断。这里的发散来自于梯度平方项理论的局限性，即 Cahn 理论中最小的尺寸要远远大于分子单体的间距 d。换言之，q 要远远小于 $1/d$。这与晶体热容量的德拜理论的截止频率有相似的来源。正是因为在窄界面情况下短波起了关键的作用，在研究经典核的生长或在旋节线相分离晚期和临界核生长晚期的理论计算当中必须尽可能地选择更密集的格点，否则会出现人为的相分离中止 (phase separation pinning)[35]。

根据上述的讨论可以看出，(均匀或不均匀) 不稳定结构的演化行为取决于它们的形貌。在跨越旋节线时扩散性质发生变化，为方便起见，我们把过临界核的形态图中体积分数 $\phi(r)$ 在 $\delta^2 f_{\text{F-H}}/\delta\phi^2<0$ 中的部分称为旋节线控制的区域。整

个不稳定结构的扩散性质完全取决于这一壳层的形貌。图 4.7 中分别标记出了 $\chi N = 2.6$、3.1 和 3.6 的临界核的旋节线控制壳层。旋节线扩散只能发生在这一球对称区域中，并且受限在其中。这一限制的球对称性导致旋节线扩散的结果不是形成双连续的网络结构，而是球面波。如果旋节线控制区的尺寸 l_s 小于 $1/q_{max}$，则旋节线扩散将不会发生；反之，如果旋节线控制区的 l_s 大于 $1/q_{max}$，则旋节线扩散可以发生，且出现的周期数取决于 $l_s q_{max}$。

在经典区域 (I)，即 χN 较小时，窄界面近似适用。此时的界面近于平衡态界面，临界核仅有很少部分处于旋节线控制区，短波起着关键作用。这导致如图 4.7 中所示的演化行为，即界面附近的形态几乎不随时间变化，核中心体积任意小的长大都导致整个本体体系中高分子 A 的耗尽；对于自由生长区域 (Ⅱ)，整个过临界核都处于旋节线控制区，且界面平缓。演化方程中的第一项占支配地位，旋节线扩散主导临界核的生长初期行为。这时旋节线控制区的大小与 $1/q_{max}$ 相近，因而在生长初期只有一个周期的球面波出现。旋节线扩散使得界面变得更陡峭，核中心区浓度不断增加，而在核外形成一个 B 富集的壳层；然而对于临界区域 (Ⅲ)，整个体系都在旋节线控制区域中。随着 χN 的增加，核的中心浓度不断降低，核的半径也不断增加。直到旋节线中心浓度趋于零，而核的半径也趋向无穷大。这样临界核的初始形貌对旋节线扩散的约束也逐渐消除。在这个过程中，越来越多的周期会出现在生长初期。如图 4.7 中 $\chi N = 3.6$ 的临界核所示，在生长过程中出现 1.5 个周期。同时，由于球对称性约束的减弱，最快生长模式也逐渐由球面波变为平面波，直到最后均匀相变得不再稳定，这样相分离的机制也自然地过渡为旋节线相分离。

总之，如果我们忽略成核的过程，而只考虑均相或非均相不稳定结构的演化，那么在其生长初期的行为主要由旋节线扩散控制。在不同过冷度下的差异取决于不同初始形貌对旋节线扩散的限制。当界面变得接近于无穷大平面界面时，即旋节线相分离和非经典区成核–生长相分离的晚期，以及经典区的临界核生长，旋节线扩散不再发生。此时短波起到关键的作用，且没有明显的最大生长模式。

这里有必要讨论临界核之间的关联。在靠近双节线时大量的短波模式参与到核的生长过程中，这时核区体积任意小的长大都将导致整个本体中高分子 A 浓度的降低。与其说经典区中相分离是局限在核附近的生长，不如说是整个本体体系的一致性演化。也就是说这里所有的临界核从生长的开始就关联在一起。与之相对的临界区中临界核的尺寸趋于无穷大，且其生长速度很快，因而这里的临界核在生长的初期很快就会相互碰撞、关联在一起。当系统处于亚稳定区中央时（自由生长区），各个临界核在相当长的时间内彼此是不相关的。它们可以看成临界核的理想气体，这里也是实验上研究非经典临界核性质的最佳区域。

需要指出的是这里形成的微相区并不能认为是经典的核。这是因为经典核的形貌是均匀的硬球包埋在与之相平衡的稳定的基质当中。而这里核的形貌却是有特定密度分布的微相嵌在具有初始混合浓度的亚稳基质当中。当χN 十分接近双节线时本体相的浓度趋近于共存浓度，这时上述结果会回到经典极限。

4.5 小　　结

本章用自洽场理论和外势场动力学相结合的办法，研究了亚稳态高分子共混体系相分离过程中临界核的动力学行为。由于这套方法中包含了精确的自由能和链状结构导致的非局域扩散，因而可以准确地描述整个亚稳区的相分离动力学性质。我们在整个亚稳区中用自洽场理论确定单个球状的过临界或亚临界核，以其形貌作为初始条件代入外势场动力学方程中研究演化规律。对单个核的生长行为的研究展示了清晰直观的相分离早期的局域动力学特性。在这里我们用生长指数 α 来表征临界核生长的速率，其定义为 $M^{\mathrm{ex}} \sim t^{\alpha}$。由于生长特性的迥然不同，亚稳区可以细分为三个子区域：经典区、自由生长区和临界区。在经典区和临界区，α 随着 χN 的增加而迅速升高，而在自由生长区，α 几乎不依赖于 χN。从形貌上来看经典区的过临界核生长像体积不断变大的硬球。而对于非经典的区域则像水面上传播的涟漪。随着 χN 逐渐靠近旋节线，越来越多涟漪的周期出现在生长初期。本章应用朗道理论定性地讨论了三个区域过临界核的生长特点。这一讨论指出在不稳定结构生长的初期，受限的旋节线扩散起了关键的作用，并形成了界面附近的涟漪结构。而在生长的晚期，由于界面趋于平衡，旋节线扩散不再发生。此时短波起到关键的作用，整个生长模式变为经典区临界核相同的生长模式。靠近旋节线区域的系统中，临界核的生长模式趋近于旋节线相分离，而靠近双节线区域的系统中，临界核的生长模式趋近于经典核的生长。

参 考 文 献

[1] Bray A J. Theory of phase-ordering kinetics. Adv. Phys., 1994, 43(3): 357-459.

[2] Cahn J W, Hilliard J E. Free energy of a nonuniform system: Ⅲ Nucleation in a two-component incompressible fluid. J. Chem. Phys., 1959, 31(3): 688-699.

[3] Cahn J W, Hilliard J E. Free energy of a nonuniform system: I Interfacial free energy. J Chem Phys, 1958, 28(2): 258-267.

[4] Henderson D. Fundamentals of Inhomogeneous Fluids. New York: Marcel Dekker Inc., 1992: 407-442.

[5] Binder K. Collective diffusion, nucleation, and spinodal decomposition in polymer mixtures. J. Chem. Phys., 1983, 79(12): 6387-6409.

[6] Balsara N P, Lin C, Hammouda B. Early stages of nucleation and growth in a polymer blend. Phys. Rev. Lett., 1996, 77(18): 3847-3850.

[7] Lefebvre A A, Lee J H, Jeon H S, et al. Initial stages of nucleation in phase separating polymer blends. J. Chem. Phys., 1999, 111(13): 6082-6099.

[8] Lefebvre A A, Lee J H, Balsara N P, et al. Critical length and time scales during the initial stages of nucleation in polymer blends. J. Chem. Phys., 2002, 116(12): 4777-4781.

[9] Lefebvre A A, Lee J H, Balsara N P, et al. Determination of critical length scales and the limit of metastability in phase separating polymer blends. J. Chem. Phys., 2002, 117(19): 9063-9073.

[10] Lefebvre A A, Lee J H, Balsara N P, et al. Fluctuation mediated phase separation in polymer blends near the limit of metastability. J. Chem. Phys., 2002, 117(19): 9074-9083.

[11] Balsara N P, Rappl T J, Lefebvre A A. Does conventional nucleation occur during phase separation in polymer blends? J. Polym. Sci. Part B: Polym. Phys., 2004, 42(10): 1793-1809.

[12] Pan A C, Rappl T J, Chandler D, et al. Neutron scattering and Monte Carlo determination of the variation of the critical nucleus size with quench depth. J. Phys. Chem. B, 2006, 110(8): 3692-3696.

[13] Debenedetti P G. When a phase is born. Nature, 2006, 441: 168-169.

[14] Wood S M, Wang Z G. Nucleation in binary polymer blends: a self-consistent field study. J. Chem. Phys., 2002, 116(5): 2289-2300.

[15] Wang Z G. Concentration fluctuation in binary polymer blends: χ parameter, spinodal and Ginzburg criterion. J. Chem. Phys., 2002, 117(1): 481-500.

[16] Wang J F, Zhang H D, Qiu F, et al. Nucleation in binary polymer blends: effects of adding diblock copolymers. J. Chem. Phys., 2003, 118(19): 8997-9006.

[17] Wang J F, Wang Z G, Yang Y L. Nucleation in binary polymer blends: effects of foreign mesoscopic spherical particles. J. Chem. Phys., 2004, 121(2): 1105-1113.

[18] Qi S H, Yan D D. Nucleation in polydisperse polymer mixtures. J. Chem. Phys., 2008, 129(20): 204902.

[19] Chakrabarti A, Toral R, Gunton J D, et al. Spinodal decomposition in polymer mixtures. Phys. Rev. Lett., 1989, 63(19): 2072-2075.

[20] Cahn J W. Phase separation by spinodal decomposition in isotropic systems. J. Chem. Phys., 1965, 42(1): 93-99.

[21] Miao B, Yan D D, Han C C, et al. Effects of confinement on the order-disorder transition of diblock copolymer melts. J. Chem. Phys., 2006, 124(14): 144902.

[22] Zhang X H, Man X K, Han C C, et al. Nucleation induced by phase separation in the interface of polyolefin blend. Polymer, 2008, 49(9): 2368-2372.

[23] Fraaije J G E M. Dynamic density functional theory for microphase separation kinetics of block copolymer melts. J. Chem. Phys., 1993, 99(11): 9202-9212.

[24] Yeung C, Shi A C. Formation of interfaces in incompatible polymer blends: a dynamical mean field study. Macromolecules, 1999, 32(11): 3637-3642.

[25] Hasegawa R, Doi M. Adsorption dynamics. Extension of self-consistent field theory to dynamical problems. Macromolecules, 1997, 30(10): 3086-3089.
[26] Morita H, Kawakatsu T, Doi M, et al. Competition between micro- and macrophase separations in a binary mixture of block copolymers. A dynamic density functional study. Macromolecules, 2002, 35(19): 7473-7480.
[27] Maurits N M, Fraaije J G E M. Mesoscopic dynamics of copolymer melts: from density dynamics to external potential dynamics using nonlocal kinetic coupling. J. Chem. Phys., 1997, 107(15): 5879-5889.
[28] Müller M, Schmid F. Incorporating fluctuations and dynamics in self-consistent field theories for polymer blends. Adv. Polym. Sci., 2005, 185: 1-58.
[29] Reister E, Müller M, Binder K. Spinodal decomposition in a binary polymer mixture: dynamic self-consistent-field theory and Monte Carlo simulations. Phys. Rev. E, 2001, 64(4 Pt 1): 041804.
[30] Yeung C, Shi A C, Noolandi J, et al. Anisotropic fluctuations in ordered copolymer phases. Macromol. Theory. Sim., 1996, 5(2): 291-298.
[31] Shi A C, Noolandi J, Desai R C. Theory of anisotropic fluctuations in ordered block copolymer phases. Macromolecules, 1996, 29(20): 6487-6504.
[32] Miao B, Yan D D, Wickham R A, et al. The nature of phase transitions of symmetric diblock copolymer melts under confinement. Polymer, 2007, 48(14): 4278-4287.
[33] Schatzel K, Ackerson B J. Density fluctuations during crystallization of colloids. Phys. Rev. E, 1993, 48(5): 3766-3777.
[34] Elder K R, Grant M, Provatas N, et al. Sharp interface limits of phase-field models. Phys. Rev. E, 2001, 64 (2 Pt 1): 021604.
[35] Castellano C, Glotzer S C. On the mechanism of pinning in phase-separating polymer blends. J. Chem. Phys., 1995, 103(21): 9363-9369.
[36] Fredrickson G H, Ganesan V, Drolet F. Field-theoretic computer simulation methods for polymers and complex fluids. Macromolecules, 2002,35(1): 16-39.
[37] Yang S, Tan H G, Yan D D, et al. Effect of polydispersity on the depletion interaction in nonadsorbing polymer solutions. Phys. Rev. E, 2007, 75(6 Pt 1): 061803.
[38] Henderson I C, Clarke N. Two-step phase separation in polymer blends. Macromolecules, 2004, 37(5): 1952-1959.

第 5 章　半刚性高分子的平均场理论

5.1　半刚性链体系研究回顾

近年来，生命科学和材料科学中对天然和人工高分子体系的探索不断地对高分子物理理论提出新的问题和挑战。人们不仅关心高分子形成的结构，更对这些结构的响应性和稳定性，也就是材料的性能感兴趣。在生物体内，大分子和亚细胞结构，如 RNA、DNA、蛋白质和微管等都是具有半刚性的线型结构，生物学家期待能够从这些分子形成的结构形态出发来解释生理机能 [1,2]。在新一代显示器件和光伏电池的研发中，功能高分子，如液晶高分子和共轭高分子等正扮演着重要的角色，材料科学家致力于依赖分子设计来调控器件性能 [3]。高分辨光刻技术成本的不断升高使微电子工业发展遇到了瓶颈。利用低分子量的嵌段共聚物自组装提高光刻分辨率是最受瞩目的替代技术 [4]。随着高分子的分子量降低，高分子的链长和 Kuhn 长度的比值将会降低，这意味着高分子链的刚性在增加。这些体系都可以具有半刚性的高分子，这类体系形成的自组装结构通常呈现出各向异性和尺度依赖的特征。

上述这些实际体系的研究兴趣可以抽象为具有共同特征的科学问题：半刚性高分子形成的有序结构在外场的作用下表现出特定的响应行为，这也是高分子物理中最受瞩目的领域 [5]。公认最好的半刚性高分子模型是蠕虫链 (worm-like chain，WLC) 模型，在尺度上它可以用来描述从微观的持久长度 l_p 到介观的高分子链长 L 的行为，因而这是一个典型的多尺度的理论模型。目前，高分子理论的场论研究主要集中在高斯链模型。这一模型完全忽略高分子在小尺度上的性质，仅能给出在回转半径 R_g 尺度上的受限性质。在纳米结构、生命体系以及光电子器件这些受限体系中，受限尺寸接近高分子在微观上的特征尺度——持久长度 l_p，此时链刚性对体系热力学性质的贡献变得不可忽视，高斯链模型也不再适用。当 $L/l_\mathrm{p} \gg 1$ 时，采用长波近似，蠕虫链模型可以严格回到高斯链模型 [6]。

蠕虫链高分子的统计性质可以用末端积分的传播子 q (分布函数) 来描述。q 满足福克尔–普朗克方程

$$\frac{\partial}{\partial s} q(\boldsymbol{r}, \boldsymbol{u}, s) = \left[\frac{1}{2l_\mathrm{p}} \nabla_{\boldsymbol{u}}^2 - \boldsymbol{u} \cdot \nabla_{\boldsymbol{r}} - \omega(\boldsymbol{r}, \boldsymbol{u})\right] q(\boldsymbol{r}, \boldsymbol{u}, s) \tag{5.1}$$

这是一个包含三维位置坐标 $\boldsymbol{r}$、二维角向坐标 $\boldsymbol{u}$ 和一维沿链方向的周线坐标 s 六维坐标在内的，并包括位置和取向的耦合项的偏微分方程。高效、精确地求解该方程非常困难，这也制约了半刚性高分子体系的理论研究。Yamakawa 用图在傅里叶–拉普拉斯空间来表示各阶矩，通过重新定义求和规则来求解传播子 [7]。事实上描述高斯链的福克尔–普朗克方程退化为修正的扩散方程。如果它等价于电子的薛定谔方程，那么方程 (5.1) 相当于引入了自旋的贡献。基于这个考虑，Kholodenko 用狄拉克传播子研究了半刚性链模型的构象统计。Spakowitz 和王振纲把 Yamakawa 的图方法归结为一维无规行走问题，用形式简洁的连分数表达传播子 [8]。Stepanow 和 Schütz 利用 Dyson 方程求解传播子 [9] 得到了与该连分数等价的矩阵表达式。陈征宇 [10] 和 Fredrickson 等 [11] 在弱不均匀近似下求解了方程 (5.1)，并给出朗道形式的自由能。Morse 和 Fredrickson 对位置和取向空间都采用了有限差分格式，并在基态近似下展示了界面上的链取向分布 [12]。史安昌等基于有限元算法给出了更有效的取向空间的差分方法 [13]。Sullivan 提出在角向空间用球谐函数展开，而位形空间和周线变量仍用有限差分。借鉴高斯链模型成功的经验，Fredrickson 建议采用赝谱方法求解方程 (5.1)[14]。陈征宇等完善了这一方法，并用来研究蠕虫链各向同性相和液晶相界面 [15]。杨玉良等应用赝谱方法研究了半刚性–柔性二嵌段共聚物的二维自组装结构 [16]。蒋滢和陈征宇采用球谐函数展开传播子的方法计算了蠕虫链二嵌段共聚物的相图 [17]，并详细地综述了通过考虑对称性来降低计算维度以求解这一方程的工作 [18]。

对于半刚性高分子非均匀体系的研究，目前的理论方案还需克服很多困难。首先曲面附近的研究回避不了耗时的高维偏微分方程的求解。其次求解偏微分方程需要给出曲面上分布函数 q 所满足的边界条件，这一条件与曲面的曲率、高分子的曲率以及高分子和曲面相对取向等多个因素有关，通常难以解析地给出。最后高分子链刚性的不同将导致分布函数 q 的关联长度的变化，随着链的刚性变强，方程 (5.1) 的刚性也同时变强，差分求解这一方程需要更可靠的格式来保证算法的稳定性和精确性。这些理论困难是曲面附近半刚性高分子体系热力学性质得不到系统研究的根本原因。

最近我们在研究半刚性高分子表面、界面问题中发展了一套新颖的单链平均场理论 [6]。这一理论中用蒙特卡罗方法代替方程 (5.1) 的数值求解，来获得辅助场中的系综平均。对于一维结构的计算精度达到与数值求解方程 (5.1) 结果的定量吻合，且效率大大提高。这一理论可以简单地扩展到高维空间的计算，而不带来额外的困难。由于不涉及偏微分方程的求解，也就不必面对边界条件处理的困难和数值求解格式的精确度和稳定性。近年来，这种单链平均场理论被用来求解蠕虫链的非均匀体系问题。

5.2 平均场理论中的单链

值得注意的是，蠕虫链单体的方向自由度和位置自由度并不是相互独立的，根据蠕虫链模型的定义，链的结构是一条光滑的不可扩展的空间曲线。这种情况可通过在配分函数插入

$$\delta\left[\boldsymbol{u}(s)-\frac{\mathrm{d}\boldsymbol{r}(s)}{\mathrm{d}s}\right] \tag{5.2}$$

约束条件来实现。$\delta[|\boldsymbol{u}(s)|-1]$ 约束了高分子链不可伸长；或者这个约束也可以表示为一个全局约束 $\delta\left[\int\boldsymbol{u}(s)\mathrm{d}s/L-1\right]$，因此方向自由度和位置自由度是关联的。单体的位置 $\{\boldsymbol{r}(s)\}$ 和单键的方向 $\{\boldsymbol{u}(s)\}$ 都能全面描述聚合物的构象。根据这一考虑，在 SCFT 中根据 $\{\boldsymbol{r}(s)\}$ 和 $\{\boldsymbol{u}(s)\}$ 使用的传播子 q 是一个冗余的描述。实际上，求解式 (5.1) 的主要困难是方向自由度和位置自由度之间的耦合。它相当于在偏微分方程中加入一个 δ 函数。或者说，解积分方程没有这个困难。加入 δ 函数约束可以减少配分函数中被积分的自由度。通常，从应用数学的角度来看，偏微分方程可以归结为给定约束条件下的扩散问题，可以用路径积分的形式表示。例如，在量子力学中，波函数所满足的薛定谔方程可以用费曼路径积分来代替。根据这一思想，可以通过路径积分来计算任何物理量的系综平均，而不必求解传播子方程。平均场中的扩散路径可以利用蒙特卡罗方法进行采样。在此我们以高分子刷为例，简要阐述该方法。

考虑 n 个半刚性链，其总链长度为 L，持久长度为 l_{p}，排除体积直径为 d，都接枝在平面不可穿透的表面上。链的构型用空间曲线 $\boldsymbol{r}(s)$ 来表示，其中 $s\in[0,L]$ 是轮廓变量。通过定义有效 Kuhn 长度 $a=l_{\mathrm{p}}$，我们可以引入一个有效的聚合量 $N=L/a$。构象的哈密顿量是

$$\beta H_0[\boldsymbol{u}(s)]=\frac{l_{\mathrm{p}}}{2}\int_0^L\mathrm{d}s\left|\frac{\mathrm{d}\boldsymbol{u}(s)}{\mathrm{d}s}\right|^2 \tag{5.3}$$

通过重整化轮廓变量 $s/L\to s$，我们得到

$$\beta H_0[\boldsymbol{u}(s)]=\frac{l_{\mathrm{p}}}{2L}\int_0^1\mathrm{d}s\left|\frac{\partial\boldsymbol{u}(s)}{\partial s}\right|^2=\frac{1}{4N}\int_0^1\mathrm{d}s\left|\frac{\partial\boldsymbol{u}(s)}{\partial s}\right|^2 \tag{5.4}$$

单个构象的分布函数是

$$P_0[\boldsymbol{r}(s),\boldsymbol{u}(s)]=\exp\{-\beta H_0[\boldsymbol{u}(s)]\}\prod_s\left\{\delta[|\boldsymbol{u}(s)|-1]\delta\left(\boldsymbol{u}-\frac{\partial\boldsymbol{r}(s)}{\partial\boldsymbol{s}}\right)\right\}\delta\left[\boldsymbol{r}(0)-\boldsymbol{r}_{\mathrm{d}}\right] \tag{5.5}$$

前两个 δ 函数表示段的位置 $\boldsymbol{r}(s)$ 和切向量 $\boldsymbol{u}(s)$，且二者不独立。不可压缩的限制导致用修正扩散方程 (MDE) 或 Dyson 方程求解比用高斯链更困难。最后一个 δ 函数表示高分子链的一端接枝在位置为 $\boldsymbol{r}_{\mathrm{d}}$ 的表面上。

微观轮廓平均密度算符定义为

$$\hat{\rho}(\boldsymbol{r},\boldsymbol{u})=N\sum_{i=1}^{n}\int_0^1 \mathrm{d}s\delta\left[\boldsymbol{r}-\boldsymbol{r}_i(s)\right]\delta\left[\boldsymbol{u}-\boldsymbol{u}_i(s)\right] \tag{5.6}$$

两个链段间的排除体积相互作用，依赖于它们的取向 u 和 u'，通常采用 Onsager 形式表示

$$\beta V\left(\boldsymbol{r},\boldsymbol{r}',\boldsymbol{u},\boldsymbol{u}'\right)=2da^2\delta\left(\boldsymbol{r}-\boldsymbol{r}'\right)\left|\boldsymbol{u}\times\boldsymbol{u}'\right| \tag{5.7}$$

单体与接枝表面之间的相互作用势表示为

$$\beta H_I(\boldsymbol{r})=\begin{cases}0, & z>0\\ \infty, & z\leqslant 0\end{cases} \tag{5.8}$$

这意味着表面是不可穿透的。配分函数可以写成与辅助场 ω 有关

$$Z=\int\mathcal{D}\{\omega\}\exp\{-\beta F[\omega]\} \tag{5.9}$$

其中 Hubbard-Stratonovich 变换用于推导，有效哈密顿量定义为

$$\beta F\left[\omega\right]\equiv\frac{1}{2}\int\mathrm{d}\boldsymbol{r}\mathrm{d}\boldsymbol{u}\mathrm{d}\boldsymbol{u}'\frac{\omega\left(\boldsymbol{r},\boldsymbol{u}\right)\omega\left(\boldsymbol{r},\boldsymbol{u}'\right)}{2da^2\left|\boldsymbol{u}\times\boldsymbol{u}'\right|}-n\ln Q\left[\mathrm{i}\omega\right] \tag{5.10}$$

其中

$$\begin{aligned}Q[\mathrm{i}\omega]\equiv&\int\mathcal{D}D\{\boldsymbol{r}(s),\boldsymbol{u}(s)\}\prod_s\left\{\delta[|\boldsymbol{u}(s)|-1]\delta\left[\boldsymbol{u}-\frac{\partial\boldsymbol{r}(s)}{\partial s}\right]\right\}\delta\left[\boldsymbol{r}(0)-\boldsymbol{r}_{\mathrm{d}}\right]\\&\times\exp\left\{-\beta H[\boldsymbol{u}(s)]-\mathrm{i}\int\mathrm{d}s\omega[\boldsymbol{r}(s),\boldsymbol{u}(s)]-\beta\int\mathrm{d}\boldsymbol{r}\mathrm{d}\boldsymbol{u}H_I(\boldsymbol{r})\hat{\rho}(\boldsymbol{r},\boldsymbol{u})\right\}\end{aligned} \tag{5.11}$$

是单链配分函数。考虑平均场近似 $\delta F/\delta\mathrm{i}\omega=0$，可以得到自洽场方程

$$\mathrm{i}\omega\left(\boldsymbol{r},\boldsymbol{u}'\right)=2da^2\int\mathrm{d}\boldsymbol{u}'\left|\boldsymbol{u}\times\boldsymbol{u}'\right|\rho\left(\boldsymbol{r},\boldsymbol{u}'\right) \tag{5.12}$$

这里

$$\begin{aligned}\rho(\boldsymbol{r},\boldsymbol{u})\equiv&\langle\hat{\rho}(\boldsymbol{r},\boldsymbol{u})\rangle=\frac{A\sigma}{Q}\frac{\delta Q}{\delta\mathrm{i}\omega}\\=&\frac{A\sigma}{Q}\int\mathcal{D}\{\boldsymbol{r}(s),\boldsymbol{u}(s)\}\prod_s\left\{\delta[|\boldsymbol{u}(s)|-1]\delta\left[\boldsymbol{u}-\frac{\partial\boldsymbol{r}(s)}{\partial s}\right]\right\}\end{aligned}$$

$$\times N\int_0^1 \mathrm{d}s\delta[\boldsymbol{r}-\boldsymbol{r}(s)]\delta[\boldsymbol{u}-\boldsymbol{u}(s)]$$
$$\times \exp\left\{-\beta H[\boldsymbol{u}(s)]-\mathrm{i}N\int_0^1 \mathrm{d}s\omega[\boldsymbol{r}(s),\boldsymbol{u}(s)]\right\} \tag{5.13}$$

其中，σ 是接枝密度，A 是接枝表面的面积。在自洽场论中，这个系综的统计平均值是用难以得到的传播子 q 计算的。为了克服这个困难，统计平均值直接使用路径积分计算得到。辅助场中链的大量构象是通过蒙特卡罗模拟进行采样的。在这个模拟中，蠕虫链被离散为有 N_m 个离散步长的路径。第 j 个构象的第 i 个键的取向为 $\boldsymbol{u}_i^j\left(\theta_i^j,\varphi_i^j\right)$，位置为 $\boldsymbol{r}_i^j\left(x_i^j,y_i^j,z_i^j\right)$。考虑到 $s/L\to s$ 和 $L=2l_{\mathrm{p}}N$，哈密顿量可表示为

$$\beta H_0=\varepsilon\sum_{i=1}^{N_m-1}\left|\boldsymbol{u}_{i+1}-\boldsymbol{u}_i\right|^2 \tag{5.14}$$

这里 $\varepsilon=N_m/4N$ 表明了链的刚性。当 $N_m\to\infty$ 时，蠕虫链的连续性恢复。辅助场 $\omega(\boldsymbol{r},\boldsymbol{u})$ 中的 M 个最有可能的路径是用 Metropolis 方法抽样的，其平均值为 $P=\min\{1,\exp(-\beta\Delta E)\}$。其中

$$\begin{aligned}\beta\Delta E=&\varepsilon\sum_{i=1}^{N_m-1}\left(\left|\boldsymbol{u}_{i+1}^{j+1}-\boldsymbol{u}_i^{j+1}\right|^2-\left|\boldsymbol{u}_{i+1}^{j}-\boldsymbol{u}_i^{j}\right|^2\right)\\&+\frac{N}{N_m}\sum_{i}^{N_m}\left\{\omega\left[\boldsymbol{R}_i^{j+1},\boldsymbol{u}_i^{j+1}\right]-\omega\left[\boldsymbol{R}_i^{j},\boldsymbol{u}_i^{j}\right]\right\}\end{aligned} \tag{5.15}$$

是第 $j+1$ 次尝试移动的能量变化。这样根据链构象可以计算任何算子的总体均值 $\left\langle\hat{A}\left[\boldsymbol{u}_i\right]\right\rangle$，例如，密度分布可以通过

$$\rho(\boldsymbol{r},\boldsymbol{u})=\frac{\sigma A}{M}\sum_{j=1}^{M}\frac{N}{N_m}\sum_{i=1}^{N_m}\delta\left(\boldsymbol{r}-\boldsymbol{r}_i^j\right)\delta\left(\boldsymbol{u}-\boldsymbol{u}_i^j\right) \tag{5.16}$$

计算。

为了有效地生成独立的构象，在单链平均场中考虑了旋转蒙特卡罗试验移动，根据随机选择的单体和自由端之间的部分链围绕随机选择的轴旋转任意角度，旋转后的位置根据

$$\boldsymbol{r}'=\boldsymbol{n}(\boldsymbol{n}\cdot\boldsymbol{r})+[\boldsymbol{r}-\boldsymbol{n}(\boldsymbol{n}\cdot\boldsymbol{r})]\cos\theta+(\boldsymbol{n}\times\boldsymbol{r})\sin\theta \tag{5.17}$$

可得，其中 $\boldsymbol{r}$ 和 $\boldsymbol{r}'$ 分别是旋转前后的矢量；θ 是旋转角；$\boldsymbol{n}$ 是随机选择的轴向矢量。

5.3 蠕虫链单链平均场的优势

单链平均场与自洽场的最大不同之处是求解系综平均的方法。在单链平均场中通过高分子链构型的采样来计算系综平均，而在自洽场中则是通过引入分布函

数 q 来计算的。通常平均场理论的计算是研究受限情况下的非均质聚合物系统，例如，边界条件或链上的构象受到约束。在单链平均场中，可以在采样过程中将约束条件直接应用于蒙特卡罗试验。然而在自洽场中，像边界条件或初始条件等约束条件作用于分布函数，将导致分布函数存在不连续的情况。高分子刷是一个经典的例子。在这个系统中，高分子链的末端接枝在表面上。初始条件作为约束条件作用于 MDE 的 δ 函数，这会导致 MDE 不连续。为了解决这个问题，通常情况下，人为地引入长度范围参量 σ，利用 $\delta(\boldsymbol{r}-\boldsymbol{r}_{\mathrm{d}})=\lim\limits_{\sigma\to 0}\left[1/(\sqrt{2}\sigma)^3\right]\exp\left(-|\boldsymbol{r}-\boldsymbol{r}_{\mathrm{d}}|^2/2\sigma^2\right)$ 来替代 δ 函数。蠕虫链是一种多尺度的模型体系，任何额外的长度都会影响该体系的统计行为，结果导致需要在位置空间有更为离散的网格 [18]。在单链平均场中，系综平均基于路径积分，从而引入积分方程。接枝点的约束等同于在积分方程中引入 δ 函数，该方程与方程 (5.1) 等价。实际上，在单链平均场中，只需要在蒙特卡罗采样时将高分子链的一端固定在接枝点上即可。因此单链平均场更适于描述约束条件。

单链平均场在低对称性的蠕虫链系统中非常有效。在自洽场中，蠕虫链被视为在五维空间 ($\boldsymbol{r}$-$\boldsymbol{u}$ 空间) 的扩散。从数值求解方案的角度出发，这是一个难以求解的高自由度的问题。因此大多数关于蠕虫链模型的已发表的文章都采用了一定的对称性来处理该问题，因为可以根据对称性缩减维度 [18]。在单链平均场中，只须考虑高分子单体位置 $\boldsymbol{r}(s)$ 的自由度，高分子单体之间的键取向可以根据公式 (5.2) 计算。因此只须计算位置空间的扩散，并且蒙特卡罗抽样过程只在三维空间进行，远比自洽场方法有效。如果该系统有一些对称性的约束，可以将三维空间的构型 $\boldsymbol{r}(s)$ 投影到不同的方向来计算密度场 ρ 和外场 ω 的系综平均。

通常为了加速自洽场的计算过程，采用并行算法。然而该算法性能受限于解 MDE。一般情况下，自洽迭代过程不能被向量化。在自洽场中，并行算法只能用来加速通过赝谱方法求解扩散方程中的快速傅里叶变换部分。在这种方法下，模拟空间盒子只能在一个方向上切片。快速傅里叶变换只能在分布到不同的计算核的切片中执行，并行的尺度受限于切片的数量。实际上，计算的核数远少于在该方向分散的网格数。为了扩大并行算法的尺度，模拟盒子可以更进一步地在二维或是三维空间切割，否则，并行尺度会被限制。更重要的是，并行计算的效率取决于不同核之间的通信范围和频率。在求解 MDE 过程中，每一步的演化都需要通信。

单链平均场非常适合用并行算法加速。单链平均场中的系综平均最主要的计算任务是在同样的外场下产生足够数量的非关联的高分子构型。大规模的抽样过程可以被分为大量的独立子系综，这些子系综的抽样过程可以被分配到不同的核上进行并行计算，并行核数可以达到数千。通信过程仅发生在基于迭代算法的外场更新时，这与自洽场形成了鲜明的对比。单链平均场由于是基于系综平均产生大量高分子构型，所以就拥有更高的并行效率。

从节约计算过程中的内存角度考虑，在单链平均场中只有高分子的构型频繁地读取内存，数组只存储高分子单体的位置，且大小只有 $3N_m$ 浮点数，在这里，N_m 代表轮廓变量 s 的离散点数量。然而，自洽场是一种消耗内存的方法。在自洽场中，传播子频繁调用，这需要非常大的数组去存储 $\boldsymbol{r}$-$\boldsymbol{u}$ 空间所有网格的轮廓变量 s 的概率。该数组共有 $N_m \times N_x^3 \times N_\theta \times N_\varphi$ 个浮点数，N_x 是位置空间在一个方向离散化的网格数，N_θ 和 N_φ 是取向空间离散化网格的数目。更少的内存需求导致在单核中更高的寻址效率和在多核中更高的通信效率。

单链平均场的另一个优势在于更适合展示结构和构型之间的关系。通常来讲，在单链平均场中，系统的结构取决于高分子链的构型，且高分子链的构型是很明确的。根据需求，在给定约束条件下高分子链的经典构型可以被采样。然而在自洽场中并不能直接地描述高分子的构型。为了研究高分子构型的状态，在自洽场方法中需要复杂的定义和计算。例如，讨论高分子链在纳米颗粒表面的吸附行为和其构型时，高分子链的不同构型要通过将其分解为吸附传播子和自由传播子来计算 [19,20]，通过用蒙特卡罗方法在用自洽场计算得出的外场中抽取典型构型来克服自洽场不能简单描述高分子构型的缺点。

5.4 应　用

这里用三个例子来描述蠕虫链单链平均场的应用以及它的优势。在这些例子中，运用了在自洽场方法中比较难处理的处于平面和曲面的蠕虫链高分子刷 [21]。

5.4.1 向列相高分子刷

首先考虑接枝在平面上的高分子刷。蠕虫链被离散成 $N_m = 100$ 个单体，并且采用与自洽场中一样的自由度 $L/a = 30$。在这个例子中，高分子链是柔性的，所以它们的构型取决于在平板表面的接枝密度 $2da\sigma$。在低接枝密度情况下，接枝链恢复成高斯链模型；在高接枝密度情况下，接枝链变为高伸长受限模式。图 5.1 中展示了分子刷密度随接枝面距离的变化，其中对比了单链平均场 (线) 与自洽场 (点) 的计算结果。这是一个一维均匀系统，并且位置空间中的密度分布仅依赖于离开接枝面的距离 z。我们对 10^7 个构象进行采样以获得系综平均值。可以看出，自洽场和单链平均场的结果是一致的，尤其是在密集的接枝条件下，比如 $2da\sigma = 35$。在此情形下，高分子刷上的分子链绷得很紧并且其密度分布类似于阶跃函数 $z/L \approx 1$，这要在位置和方向空间中显著增加网格数计算以获得计算精度。相反地，在单链平均场中，可以借助蒙特卡罗模拟来采样被外场所拉伸的构象。但是单链平均场的难点在于低接枝密度 $(2da\sigma = 0.25)$ 条件下，链呈螺旋状。根据中心极限定理，当 $N_m \to \infty$ 时，体系表现为随机行走。为了在低接枝条件下获得自洽场的结果，我们通常在单链平均场中选用更大的 N_m，通常需要 $N_m \sim 10^3$。

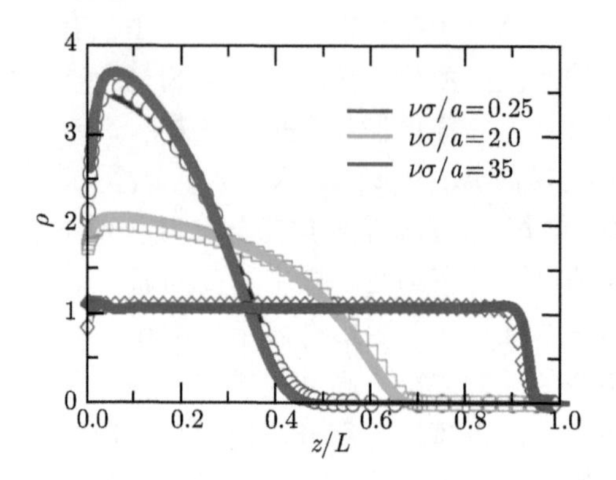

图 5.1 单链平均场与自洽场的结果对比图，实线代表文献中自洽场的计算结果。图中展示了相同的链刚性 ($L/a = 30$) 情况下，接枝密度对高分子刷结构的影响

对于高接枝刷或刚性链条件，接枝链的构象变得各向异性并形成向列相。向列高分子刷的响应行为与各向同性高分子刷的不同，它取决于链的刚性。利用单链平均场研究了单轴压缩下向列相高分子刷的各项行为。如图 5.2 所示，在压缩条件下，半刚性链发生横向对称破缺。在这种情况下，向列相被保留，但向列轴倾斜到相对于压缩方向的角度。这种行为类似于近晶 A 向近晶 C 的转变。

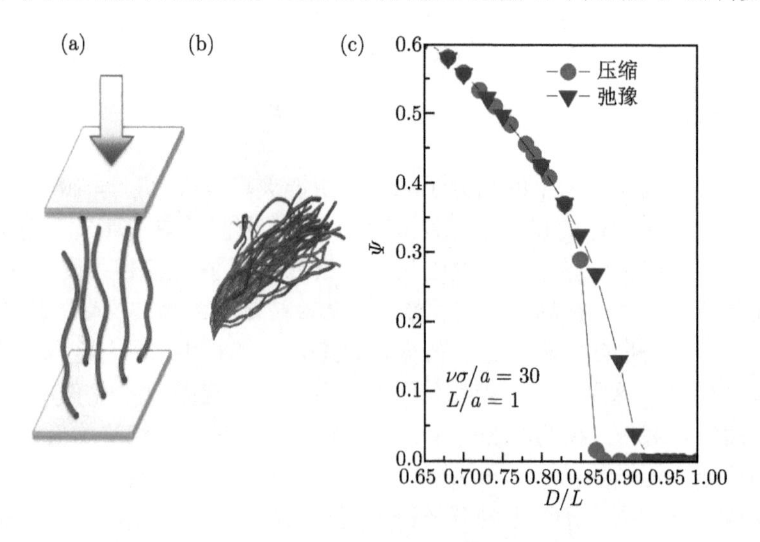

图 5.2 (a) 压缩向列相液晶高分子刷的示意图；(b) 半刚性高分子构成的向列相液晶高分子刷在倾斜相中的典型构象；(c) 压缩和弛豫两个过程形成的迟滞回线

5.4.2 反应性高分子刷

对于没有横向均匀性的高分子刷系统，高分子链的辅助场是互不相同的，比如纳米颗粒上接枝的高分子刷。在这种情况下，高分子链被接枝在纳米球表面，在用蒙特卡罗方法抽样时所有的高分子链都应被考虑。球面用多边形进行离散化，并且选择多边形的顶点作为接枝点。在接枝密度最低的条件下，采用具有 12 个顶点的二十面体。通过连接任意两条边的中点，可以得到 22 个顶点。重复这个插入过程，接枝点的数量根据 $n = 10\times2^{2j} + 2$ 的规律增加，j 是插入的次数。因此单链平均场中所谓的单链并不总是包含单链。在这种情况下，n 条高分子链被接枝在表面，因此要考虑 n 个 δ 函数。与自洽场相比，单链平均场更适合于求解这种高度不连续的系统。

利用单链平均场研究了附着高分子并且高分子末端带有反应基团的纳米颗粒球的相互作用 [22]。如图 5.3 所示，双纳米颗粒球的相互作用是由链端吸引力决定的，链端吸引力是由不同粒子高分子链的末端分布的交叠情况决定的。这项工作揭示了通过链刚性调控接枝高分子的纳米颗粒间动态反应的物理机制。同时该工作构建的模型也为基于反应性高分子设计自愈合材料提供了一个理论模拟平台，以探索动态键断裂/结合导致的新响应行为。其结果如图 5.3 所示。

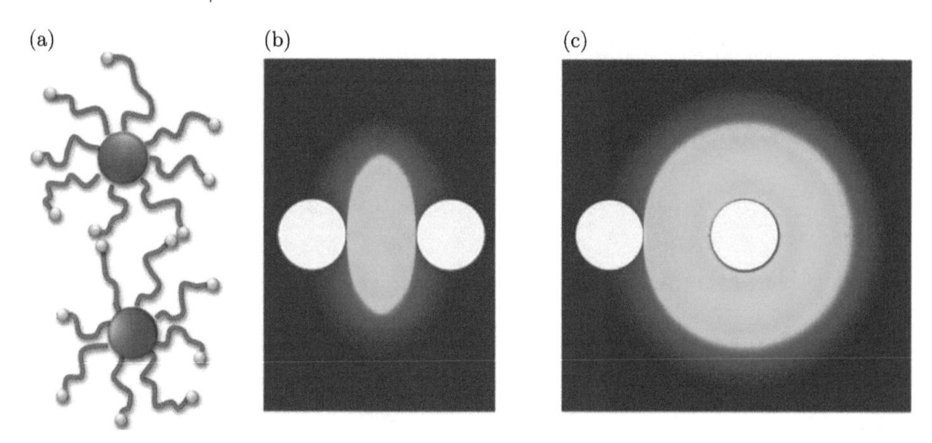

图 5.3 (a) 两个表面接枝反应性末端高分子刷的纳米粒子的结构示意图；(b) 两个纳米球上接枝的半刚性高分子刷末端分布的交叠区域；(c) 单个纳米球上接枝的半刚性高分子刷的末端分布

5.4.3 偶氮聚合物刷

偶氮苯化合物是一种具有两种异构体的分子，比如反式和顺式构象。反式是热稳定的构象，在紫外线照射下，偶氮苯会由反式转变为顺式。这种异构体之间的可逆光开关能力使得偶氮苯能够驱动接枝链的尾部，并且高分子刷的高度可以由紫外线信号控制。理论上，偶氮聚合物的难点在于偶氮键的角度应该是固定的

$\delta(\gamma_{\text{aco}}-\alpha)$，其中 $\alpha=\pi$ 或 $\pi/3$ 分别代表反式或顺式。作为位置空间中接枝点的约束，这种键角约束将不连续性引入了自洽场难以处理的取向空间，而自洽场在偶氮聚合物上的应用还未见报道。

利用单链平均场，可以很好地描述偶氮高分子刷的性能。一个例子是接枝偶氮高分子纳米颗粒球的光响应性质研究。该模型体系具有核壳结构，其中核为球形纳米粒子，壳由光响应的偶氮高分子组成。由于紫外线能诱导偶氮基的顺反异构体变换，所以在紫外线照射下，这种核壳纳米颗粒能够发生收缩 [23]。如图 5.4 所示，高分子刷的浓度分布在偶氮键的作用下发生改变，从而改变纳米球的直径。

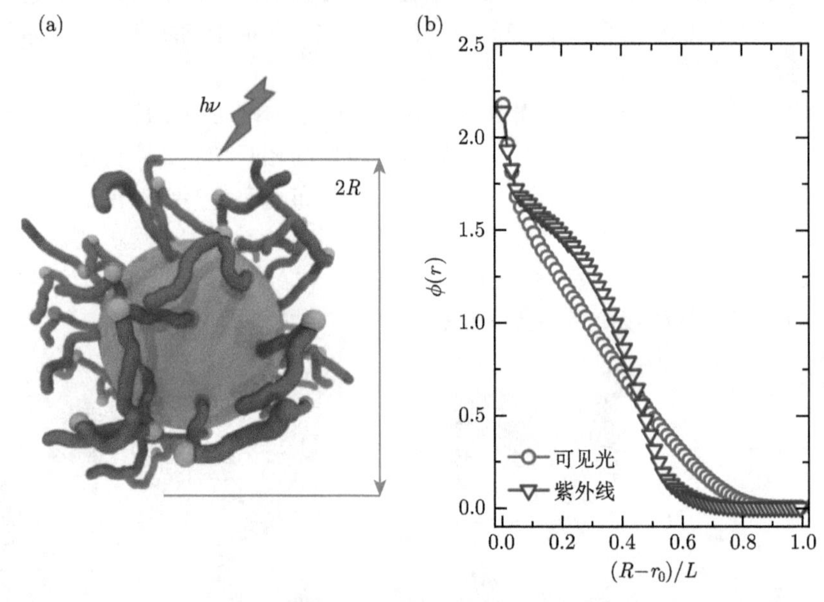

图 5.4 (a) 偶氮高分子接枝的球状纳米粒子的示意图；(b) 紫外线照射和可见光照射情况下的高分子刷的径向浓度分布

5.5 小 结

以上我们回顾了基于路径积分描述系综平均的蠕虫链单链平均场方法。在该理论中，任何物理量的系综平均可以通过直接抽样高分子链的构型计算得出。这种方法易于编程且更适于通过并行算法来加速求解。因为该方法没有引入求解偏微分方程，因此不需要面对偏微分方程解边界条件的困难，也不需要寻找精确稳定求解偏微分方程的数值方法。与自洽场相比，高拉伸或高刚性链的限制条件更容易用单链平均场的方法来处理。但是有一个困难是处理纠缠在一起的高分子构型时需要增大对高分子链骨架离散点的数量。更重要的是，蠕虫链的困难主要是来自于取向自由度和位置自由度的耦合，这导致了用自洽场方法求解修正扩散方程高维度，这种耦合意味着取向和位置自由度不独立，因此在自洽场中用传播子描述统计性质会很复杂。与之相反的是，在单链平均场中这个问题可以从构型的角度很好地解决。高分子链只需要在三维的位置空间模拟即可，并且键取向可以根据构型来计算。单链平均场的方法在低对称性的系统中有非常好的表现，它只需要存储和计算三维的构型即可；而自洽场方法在这种条件下将会导致很高的计算量且需要极大的内存来存储传播子和外场。

单链平均场是研究半刚性高分子在曲面附近行为的最好方法，这是天然和人工聚合物系统中普遍关注的话题。单链平均场从场和构型方面提供了清楚易懂的理论图像来表征材料的结构响应行为，对于设计和优化功能性高分子光学器件是一种非常有前景的方法。

参 考 文 献

[1] Huber F, Schnauß J, Rönicke S, et al. Emergent complexity of the cytoskeleton: from single filaments to tissue. Adv. Phys., 2013, 62(1): 1-112.

[2] Bausch A R, Kroy K. A bottom-up approach to cell mechanics. Nature Phys., 2006, 2(4): 231-238.

[3] Humar M, Ravnik M, Pajk S, et al. Electrically tunable liquid crystal optical microresonators. Nature Photon., 2009, 3(10): 595-600.

[4] Kennemu J G, Yao L, Bates F S, et al. Sub-5 nm domains in ordered poly (cyclohexylethylene)-block-poly (methyl methacrylate) block polymers for lithography. Macromolecules, 2014, 47(4): 1411-1418.

[5] Seaton D T, Schnabel S, Landau D P, et al. From flexible to stiff: systematic analysis of structural phases for single semiflexible polymers. Phys. Rev. Lett., 2013, 110(2): 028103.

[6] Tang J Z, Zhang X H, Yan D D. Compression induced phase transition of nematic brush: a mean-field theory study. J. Chem. Phys., 2015, 143(20): 204903.

[7] Yamakawa H. Statistical mechanics of wormlike chains: path integral and diagram methods. J. Chem. Phys., 1973, 59(7): 3811-3815.

[8] Spakowitz A J, Wang Z G. Exact results for a semiflexible polymer chain in an aligning field. Macromolecules, 2004, 37(15): 5814-5823.

[9] Stepanow S, Schütz G M. The distribution function of a semiflexible polymer and random walks with constraints. Europhys. Lett., 2002, 60(4): 546-551.

[10] Chen Z Y. Continuous isotropic-nematic transition of partially flexible polymers in two dimensions. Phys. Rev. Lett., 1993, 71(1): 93-96.

[11] Liu A J, Fredrickson G H. Free energy functional for semiflexible polymer solutions and blends. Macromolecules, 1993, 26(11): 2817-2824.

[12] Morse D C, Fredrickson G H. Semiflexible polymers near interfaces. Phys. Rev. Lett., 1994, 73(24): 3235-3238.

[13] Song W D, Tang P, Zhang H D, et al. New numerical implementation of self-consistent field theory for semiflexible polymers. Macromolecules, 2009, 42(16): 6300-6309.
[14] Fredrickson G H. The Equilibrium Theory of Inhomogeneous Polymers. Oxford: Oxford University Press, 2006.
[15] Jiang Y, Chen J Z Y. Isotropic-nematic interface in a lyotropic system of wormlike chains with the Onsager interaction. Macromolecules, 2009, 43(23): 10668-10678.
[16] Gao J, Tang P, Yang Y L. Non-lamellae structures of coil-semiflexible diblock copolymers. Soft Matter, 2013, 9(1): 69-81.
[17] Jiang Y, Chen J Z Y. Influence of chain rigidity on the phase behavior of wormlike diblock copolymers. Phys. Rev. Lett., 2013, 110(13): 138305.
[18] Jiang Y, Chen J Z Y. Self-consistent filed theory and numerical scheme for calculating the phase diagram of wormlike diblock copolymers. Phys. Rev. E, 2013, 88(4): 042603.
[19] Yang S, Yan D D, Shi A C. Structure of adsorbed polymers on a colloid particle. Macromolecules, 2006, 39(12): 4168-4174.
[20] Li W W, Man X K, Qiu D, et al. Structures and interactions between two colloidal particles in adsorptive polymer solutions. Polymer, 2012, 53(15): 3409-3415.
[21] Deng M G, Jiang Y, Liang H J, et al. Wormlike polymer brush: a self-consistent field treatmen. Macromolecules, 2010, 43(7): 3455-3464.
[22] Xu G X, Huang Z H, Chen P Y, et al. Optimal reactivity and improved self-healing capability of structurally dynamic polymers grafted on Janus nanoparticles governed by chain stiffness and spatial organization. Small, 2017, 13(3): 1603155.
[23] Fu J, Zhang X H, Miao B, et al. Light-responsive expansion-contraction of spherical nanoparticle grafted with azopolymers. J. Chem. Phys., 2017, 146(16): 164901.

第 6 章　半刚性高分子的结构因子与高斯涨落理论

6.1　半刚性高分子的蠕虫链模型

随着生命科学和材料科学的发展，对高分子物理理论提出新的问题和挑战。在这些人工和天然体系中，相当多的一类高分子或一维自组装结构都表现出半刚性的特征，理论上要用表征高分子键取向关联的持久长度 l_p 来描述高分子链的刚性。细胞中的 RNA、DNA、蛋白质和微管等一维线型结构的持久长度的尺度可以跨越几个数量级：核酸分子的持久长度为几纳米，而微管的持久长度能达到毫米量级 [1,2]。刚性效应是生物高分子体系中理论研究的基本问题。在新一代光电子器件中广泛使用的液晶和共轭高分子同样是带有一定刚性的高分子 [3]。这类光电器件的性能不仅依赖高分子在位置空间中的自组装结构，同时更依赖于高分子的取向有序。因而在这些体系的理论研究中需要同时考虑高分子链上单体的位置和取向自由度。此外，随着光刻技术的分辨本领迫近光学极限，微电子工业的发展遇到瓶颈。利用低分子量的嵌段共聚物自组装提高光刻分辨率是目前最受瞩目的替代技术 [4]。这些低分子量高分子的链长较短，甚至和持久长度在同一数量级。描述这一体系需要在理论中引入能够同时兼顾链长和持久长度两个尺度的高分子链模型。

上述列举的链刚性、取向自由度和多尺度等是半刚性高分子的典型特征。蠕虫链模型是用来刻画这种半刚性性质最好的高分子链模型 [5]。在这一模型中用空间中长度为 L 的光滑曲线 $\boldsymbol{R}(s)$ 来描述高分子的构象，其中弧长变量 $s\in[0,1]$。给定构象的哈密顿量 H 正比于其局域曲率的平方对弧长变量 s 的积分，

$$\beta H=\frac{a}{4L}\int_0^1 \mathrm{d}s\left|\frac{\mathrm{d}\boldsymbol{u}\,(s)}{\mathrm{d}s}\right|^2 \tag{6.1}$$

式中，比例系数 a/L 表征分子链的刚性，$\beta=k_{\mathrm{B}}T$，$a=2l_p$ 为 Kuhn 长度，切向矢量

$$\boldsymbol{u}\,(s)=\frac{1}{L}\,\frac{\mathrm{d}\boldsymbol{R}\,(s)}{\mathrm{d}s} \tag{6.2}$$

为高分子链在弧长变量 s 处的局域取向，这一表达式说明蠕虫链是不可拉伸的，即 $|\boldsymbol{u}\,(s)|=1$。蠕虫链的统计性质可以用传播子 $g(\boldsymbol{r},\boldsymbol{u};\boldsymbol{r}',\boldsymbol{u}';s)$ 来描述，它表示弧长为 s 的蠕虫链段起始于 $\boldsymbol{r}$ 位置，取向为 $\boldsymbol{u}$ 方向，同时其末端处于 $\boldsymbol{r}'$ 位置且

取向为 $\boldsymbol{u}'$ 的概率密度。它满足修正扩散方程 (MDE)

$$\frac{\partial}{\partial s} g(\boldsymbol{r},\boldsymbol{u};\boldsymbol{r}',\boldsymbol{u}';s)=\left[\frac{L}{a}\nabla_{\boldsymbol{u}}^{2}-L\boldsymbol{u}\cdot\nabla_{\boldsymbol{r}}-\omega(\boldsymbol{r},\boldsymbol{u})\right]g(\boldsymbol{r},\boldsymbol{u};\boldsymbol{r}',\boldsymbol{u}';s) \tag{6.3}$$

这里的 $\omega(\boldsymbol{r},\boldsymbol{u})$ 为依赖位置和取向的外场。传播子所满足的 MDE 的初始条件为 $g(\boldsymbol{r},\boldsymbol{u};\boldsymbol{r}',\boldsymbol{u}';0)=\delta(\boldsymbol{r}-\boldsymbol{r}')\delta(\boldsymbol{u}-\boldsymbol{u}')$。可以看出 MDE 的解依赖于链长和 Kuhn 长度的比值 L/a。$L/a\to\infty$ 的情况对应于柔性极限，而 $L/a\to 0$ 的情况对应于刚性极限。在给定链长 L 的情况下，L/a 可以用于描述高分子链的刚性。反之，在给定 Kuhn 长度 a 的情况下，L/a 可以用于表征高分子链的长度。

相比于常用的自由连接链和高斯链等模型，蠕虫链模型是更普适的高分子链模型。在一些特定的情况下，前两种高分子链模型被用来近似地替代蠕虫链模型。在难以严格求解蠕虫链的情况下研究链的有限伸长效应时，自由连接链模型是很好的蠕虫链模型的近似，例如，采用这一模型来研究低分子量嵌段共聚物的相行为 [6,7]。自由连接链模型包括两个控制参量：整条链中单体的数目和单个刚性链段中单体的数目。当它们的比值远远大于 1 时，该模型描述的是柔性的长链高分子；当这一比值等于 1 时，描述的是刚性的高分子。然而这一模型并不能代替蠕虫链模型，当研究链的刚性效应或体系的特征长度与链的持久长度相近时，自由连接链模型都是不适用的。被广泛用于理论研究的高斯链模型相当于蠕虫链模型在柔性极限下的一种情况。可以证明在柔性极限下如果引入长波近似，方程 (6.3) 可以退化为高斯链的传播子满足的 MDE。这是由于中心极限定理保证了在聚合度足够大的情况下，高分子在介观尺度上的构象等价于三维空间中的无规行走。这一行为可以用粗粒化的高斯链模型来完美描述。由于高斯链的传播子所满足的方程在形式上与薛定谔方程相似，很多量子力学上发展起来的方法都可以借鉴用来求解高斯链模型，因而高斯链模型被广泛地用于高分子体系的理论研究，在高分子物理的发展过程中起到了关键的作用。但是这一模型仅对于柔性链在介观尺度上的行为有很好的描述，而不适用于描述半刚性的有限长链高分子或特征尺度接近高分子的 Kuhn 长度的体系的行为。在体系特征尺度很小的情况下，如窄界面问题中，高斯链的构象熵对界面能的贡献会出现发散 [7]，而体系特征尺度很大的情况下，如高介质密度的高分子刷体系中，高斯链则高估了伸直链的长度和链构象熵贡献 [8]。

早在 20 世纪 70 年代蠕虫链模型就已经提出，但针对这一模型的研究则远远落后于高斯链模型。其原因在于传播子满足的 MDE 是一个有 6 维坐标，并包括位置和取向的耦合项的偏微分方程，严格求解这一方程非常困难。尽管如此，人们还是做了大量的努力来求解这一方程 [5,9−19]，如第 5 章中所述。除了传播子依赖的自由度过高外，方程 (6.3) 的边界条件是蠕虫链理论求解的另一个困难。此外，传播子的关联长度与高分子链刚性有关，随着链的刚性变强，方程 (6.3) 的刚性也同时变强，需要更可靠的演化格式来保证求解方程 (6.3) 的算法稳定性和精确性。值得注意的是，蠕虫链单体的取向自由度和位置自由度并不相互独立，它们通过方程 (6.2) 给出的关系联系在一起，单独采用单体的位置或取向都可以完整描述高分子的构象。根据这一考虑可以用对满足方程 (6.2) 约束条件的构象进行采样来描述蠕虫链的统计行为从而取代传播子的方法。从应用数学的角度来看，偏微分方程总可以归结为给定约束条件的扩散问题，采用蒙特卡罗方法对扩散路径进行采样可以求解偏微分方程。这种基于路径积分观点的理论方法对于高效求解对称性较差的体系中的蠕虫链问题非常有效 [20]。

6.2　半刚性高分子的结构因子及其多尺度特性

结构因子是密度关联函数的傅里叶变换

$$S(\boldsymbol{k}a;L/a) \equiv \int \mathrm{d}\Delta\boldsymbol{r} f(\Delta\boldsymbol{r}) \exp(\mathrm{i}\boldsymbol{k}\cdot\Delta\boldsymbol{r}) \tag{6.4}$$

对于均匀相体系，密度关联函数可以定义为

$$f(\boldsymbol{r}-\boldsymbol{r}') \equiv \left\langle \hat{\phi}(\boldsymbol{r})\hat{\phi}(\boldsymbol{r}')\right\rangle \tag{6.5}$$

其中密度算符的定义为

$$\hat{\phi}(\boldsymbol{r}) \equiv \frac{L}{a}\int_0^1 \mathrm{d}s\delta\left[\boldsymbol{R}(s)-\boldsymbol{r}\right] \tag{6.6}$$

结构因子不仅可以通过散射实验直接测量，也可以根据微观模型来理论求解，因而结构因子是联系理论和实验的桥梁。许多高分子体系的基本性质如分子量、回转半径以及体系的相转变都可以通过分析散射实验测量的结构因子来得到。从高分子物理研究的早期开始发展合理的链模型来理解散射实验就是理论研究的重要任务 [21]。此外，单链的结构因子本身也是理论研究关心的基本参量。以外场中的单链结构因子作为输入参量，采用无规相近似可以求解有序结构的结构因子；根据结构因子在相变点发散的性质，可以分析给定有序结构的稳定性，从而确定体系的旋节线 [22]。进一步结合重整化技术，可以用于高分子系统涨落效应的研究 [23]。此外，单条理想高分子链的结构因子也是 RISM 理论的出发点，这一理论可以描述单体之间由于链的连接性和近邻堆积带来的关联效应 [24]。这些效应对于聚电解质等关联效应主导的体系的研究是至关重要的 [25−27]。

根据方程 (6.3)~(6.6)，结构因子表达式中的系综平均可以通过对传播子的积分来求解，对于蠕虫链模型的结构因子可以写成如下形式

$$
\begin{aligned}
S(\boldsymbol{k}a;L/a) &\equiv \int \mathrm{d}\Delta\boldsymbol{r} f(\Delta\boldsymbol{r}) \exp(\mathrm{i}\boldsymbol{k}\cdot\Delta\boldsymbol{r}) \\
&= \frac{1}{4\pi}\int_0^1 \mathrm{d}s \int_0^s \mathrm{d}s' \int \mathrm{d}\boldsymbol{u} \left[G(\boldsymbol{k},\boldsymbol{u},s-s') + G(-\boldsymbol{k},\boldsymbol{u},s-s')\right]
\end{aligned} \tag{6.7}
$$

其中，传播子

$$
G(\boldsymbol{k},\boldsymbol{u},s) \equiv \int \mathrm{d}\boldsymbol{u}' \int \mathrm{d}\Delta\boldsymbol{r}\, g(\Delta\boldsymbol{r};\boldsymbol{u}',\boldsymbol{u};s) \exp(\mathrm{i}\boldsymbol{k}\cdot\Delta\boldsymbol{r}) \tag{6.8}
$$

表示末端取向为 $\boldsymbol{u}$、弧长为 s、波矢为 $\boldsymbol{k}$ 的传播子，通过将方程 (6.3) 对链的末端取向 $\boldsymbol{u}'$ 积分，并变换到傅里叶空间中可以得到这一传播子满足的方程

$$
\frac{\partial}{\partial s} G(\boldsymbol{k},\boldsymbol{u},s) = \left[\frac{L}{a}\nabla_{\boldsymbol{u}}^2 - L\boldsymbol{k}\cdot\boldsymbol{u}\right] G(\boldsymbol{k},\boldsymbol{u},s) \tag{6.9}
$$

其初始条件为 $G(\boldsymbol{k},\boldsymbol{u},s=0)=1$。计算结构因子的关键是严格求解方程 (6.9) 来得到传播子。这一方程包含两个控制参数：波矢 $\boldsymbol{k}$ 和 L/a。波矢 $\boldsymbol{k}$ 表征尺度，而 L/a 表征蠕虫链的刚性。

通常情况下方程 (6.9) 没有解析解。这里我们首先讨论该方程在波矢 $\boldsymbol{k}$ 以及 L/a 两个控制参量分别取极大值和极小值时的极限行为，以及给定极限下蠕虫链的结构因子的性质。

结构因子作为波矢 $\boldsymbol{k}$ 的函数可以描述系统在各个尺度上的密度关联。小 $\boldsymbol{k}$ 实验中对应小角的散射信号，代表空间上大的尺度；大 $\boldsymbol{k}$ 实验中对应广角的散射信号，代表空间上小的尺度。在各个尺度上，密度的关联能够反映高分子单体填充空间的情况，也就是高分子的分形维度。在给定的尺度上结构因子可以写为波数的幂函数，$S(\boldsymbol{k}) \sim k^{-d}$，这里 d 为分形维度。高分子是典型的具有多尺度性质的体系。对于蠕虫链而言，有两个特征的长度尺度，回转半径 R_{g} 和持久长度 $l_{\mathrm{p}}=a/2$。R_{g} 表征高分子的整体尺寸，而 l_{p} 表征分子键的取向关联长度。以长链高分子 $(L/a \gg 1)$ 为例，从波长 $2\pi/k \gg R_{\mathrm{g}}$ 的大尺度上来看，高分子的内部结构可以忽略，这种情况下高分子是一个点状结构，也就是零维结构 $(d=0)$；在波长 $2\pi/k \ll a$ 的微观尺度上，线型的链状连接结构决定了高分子是一维结构 $(d=1)$；而在 $a \ll 2\pi/k \ll R_{\mathrm{g}}$ 的介观尺度上，理想的无相互作用的高分子是在三维空间中的无规行走，它对应二维分形结构 $(d=2)$。为了便于分析高分子链的分形维度，经常将散射实验数据画在双对数坐标系的 Kratky 图中，即将 $k^2S(k)$ 与 k 的关系画在双对数图中。这样散射数据在代表不同尺度的波数 k 的区域上呈现为斜率不同的直线，其斜率等于 $2-d$。此时，满足无规行走的二维结构的行为对应

于在双对数的 Kratky 图中的水平线，这样可以清晰地分辨出在哪些尺度满足或偏离无规行走的行为。图 6.1 中 $L/a = 1000$ 对应于长链极限情形，可以看出在长波 $ka \ll 0.1$ 区间，高分子链可以被看成零维结构；在短波 $ka \gg 1$ 区间，高分子呈现出一维结构；而在中间 $0.1 < ka < 1$ 区间，高分子链具有二维结构的无规行走行为。

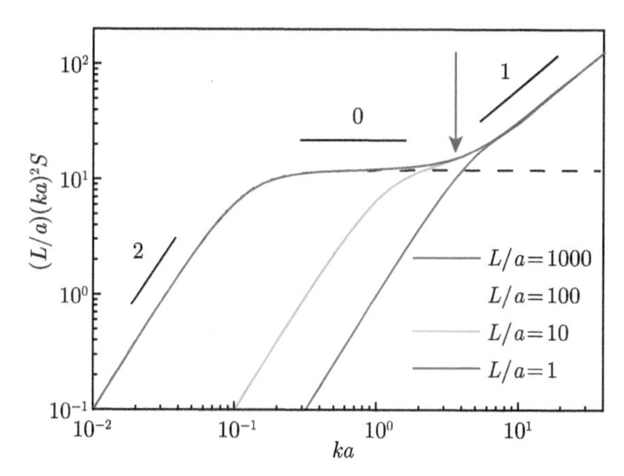

图 6.1 在 Kratky 图中蠕虫链在不同的 L/a 下的结构因子。不同的 L/a 对应于不同的链刚性；2、0、1 表示对应的直线的斜率，虚线 (斜率为 0) 对应于高斯链；a 是 Kuhn 长度，L 是链长

结构因子的小 k 区域一般称为 Guinier 区，这一区域的空间解析程度与高分子的均方回转半径相近，结构因子的渐近行为可以表示为

$$S(kR_{\mathrm{g}}) = 1 - \frac{1}{3}\left\langle R_{\mathrm{g}}^2\right\rangle k^2 + \cdots \tag{6.10}$$

蠕虫链的回转半径 R_{g} 具有如下解析形式

$$\left\langle R_{\mathrm{g}}^2\right\rangle = \frac{aL}{6}\left\{1 - \frac{3a}{2L} + \frac{3a^2}{2L^2} - \frac{3a^3}{4L^3}\left[1 - \exp\left(-\frac{2L}{a}\right)\right]\right\} \tag{6.11}$$

对于柔性极限 $L/a \gg 1$ 的情况，根据上式可得 $\left\langle R_{\mathrm{g}}^2\right\rangle = aL/6$，这与高斯链的预言一致。在小角散射实验或分子模拟的研究中可以根据这一表达式来求高分子链的均方回转半径。将结构因子 S 对波数的平方作图，在小 k 区域，$S(k)$ 与 k^2 呈线性规律，其斜率为 $-\langle R_{\mathrm{g}}^2\rangle/3$。

与长波极限相对应的是当 $ka \gg 1$ 时方程 (6.9) 的短波极限行为。此时，该方程的第一项可以忽略，方程可以化简为

$$\frac{\partial}{\partial s}G(\boldsymbol{k}, \boldsymbol{u}, s) = [-L\boldsymbol{k}\cdot\boldsymbol{u}]\,G(\boldsymbol{k}, \boldsymbol{u}, s) \tag{6.12}$$

这一方程可以解析求解，

$$G(\boldsymbol{k}, \boldsymbol{u}, s) = \exp(-\mathrm{i}L\boldsymbol{k} \cdot \boldsymbol{u}) \tag{6.13}$$

此时结构因子的大 k 渐近形式为

$$S(kL \gg 1) = \frac{2}{kL} \int_0^{\infty} \mathrm{d}z \frac{\sin z}{z} + \cdots \tag{6.14}$$

用链长 L 重新标度结构因子后，即 $(L/a)(ka)^2 S$，对于任何刚性的高分子在短波极限下都应该满足相同的标度规律 $S(\boldsymbol{k}) \sim k^{-1}$。具有不同刚性的链的结构因子将在双对数坐标系的 Kratky 图中的大 k 区域重合。

上面分析了任意刚性情况下的大 k 和小 k 极限。下面我们来分析刚性 L/a 取极限值时蠕虫链的渐近行为。在刚性极限情况下 $(L/a \ll 1)$，方程 (6.9) 可以化简为与大 k 极限得到的方程 (6.12) 完全一致的形式。根据这一结果，刚性极限下蠕虫链的结构因子可以表示为如下的积分形式 [28]

$$S_{\mathrm{rod}}(\boldsymbol{k}L) = \frac{2}{kL}\left[\int_0^{kL} \mathrm{d}z \frac{\sin z}{z} - \frac{1-\cos(kL)}{kL}\right] \tag{6.15}$$

这一形式在大 k 极限和小 k 极限情况下可以分别回到方程 (6.14) 和方程 (6.10) 或方程 (6.11) 的形式。另外，在柔性极限情况下 $(L/a \gg 1)$，一般认为蠕虫链模型在 $L/a \gg 1$ 的极限情况可以回到高斯链模型。事实上这一观点仅在小 k 和中等大小 k 的情况下是正确的。从蠕虫链模型的传播子满足的 MDE 出发，推导高斯链模型传播子满足的 MDE 时除了 $L/a \gg 1$ 的近似以外，还需要引入长波近似，即忽略掉小尺度 (大 k) 的涨落模式。详细推导见参考文献 [29] 的附录 B，这一操作相当于引入了粗粒化的近似。对于弱分离的情况，由长链高分子构成的系统特征尺度是 R_{g}，此时在理论中远大于 R_{g} (如链长尺度 L) 和远小于 R_{g} 的尺度 (如 Kuhn 长度尺度 a) 变得不重要。基于这一考虑可以通过引入长波近似来降低传播子的求解难度。通过对大 k 端的截断，可以将方程 (6.9) 化简为高斯链模型的扩散方程，并能够在均相条件下解析地解出传播子。此时结构因子即为熟知的德拜函数

$$S_{\mathrm{Debye}} = \frac{2}{x^2}[\exp(-x) + x - 1] \tag{6.16}$$

其中，$x \equiv k^2 R_{\mathrm{g}}^2$。图 6.1 中的虚线为在柔性极限下，长波近似的结构因子 S_{Debye} 与长链情况蠕虫链的严格解 (图 6.1 中 $L/a = 1000$ 对应的线) 相比可以看出，在微观上反映高分子链一维线型结构的标度行为完全丢失。除此以外，长波近似也忽略掉了蠕虫链模型中最基本的不可伸长的限制，即方程 (6.2) 或 $|\boldsymbol{u}(s)| = 1$。需

要指出的是，这一局域上的限制条件等价于对链长的限制

$$L = \int_0^1 \mathrm{d}s \left| \boldsymbol{u}(s) \right| \tag{6.17}$$

这说明在长波近似下链的不可伸长性质被破坏，这导致计算结果中链长可能超过 L。

在 Kratky 图中，对于 $ka \gg 1$ 的情况，高斯链的结构因子表现为一个平台，$(ka)^2 S = 12/(L/a)$。这表明高斯链模型能够用来描述无规行走的二维分形结构。这个二维结构的平台与大 k 极限情况所对应的斜率为 1 的直线有一个交点，交点对应的波数为 $k^* a = 12/\pi$。这一交点可以认为是划分高分子体系微观和介观尺度的分界。在实际体系中，利用它可以根据散射实验数据来确定高分子链的持久长度，$l_\mathrm{p} = a/2$ [32]。

高斯链模型忽略掉短波的信息等价于认为高分子在小于 R_g 的尺度上有着自相似的结构，即在任何尺度上高分子的构象统计都表现为无规行走的标度规律。换言之，任意小的尺度上都满足线性弹性响应，这将带来紫外发散的困难。因而高斯链模型仅在大尺度情况下才是蠕虫链的一个很好的近似，而在界面上或极强拉伸情况下高斯链模型的结果将偏离物理实际。另外有研究表明，从实空间的公式 (6.3) 出发，也可以验证当外场的特征尺度 $W \sim \sqrt{La}$ 时，即体系中界面的宽度与高分子的末端距相近时，高斯链模型可以作为蠕虫链模型的柔性极限 [19]。对于高分子刷 [30] 或嵌段共聚物在强分离的情况下，高斯链模型不再是一个好的近似 [7,31]。

对于具有有限大小 L/a 的蠕虫链，方程 (6.9) 没有解析解，这需要借助数值计算或通过引入近似来渐近求解。Kholodenko 注意到了在刚性和柔性极限下蠕虫链的传播子和狄拉克费米子的传播子有相似的性质，因而可以将有限刚性情况下蠕虫链的传播子用狄拉克费米子的传播子来近似表示。基于这一思想，半刚性高分子链的结构因子可以由如下解析表达式近似给出 [33]

$$S(ka; L/a) = \frac{2}{y}\left[I_{(1)}(y) - \frac{1}{y} I_{(2)}(y)\right] \tag{6.18}$$

其中，

$$I_{(n)}(y) = \frac{1}{E}\int_0^y \frac{\sinh(Ez)}{\sinh(z)} \mathrm{z}^{n-1} \mathrm{d}z \tag{6.19}$$

$$y = 3L/a$$

$$E = \left(\zeta\left[1 - \left(\frac{ak}{3}\right)^2\right]\right)^{1/2} \tag{6.20}$$

$$\zeta = \begin{cases} 1, & ak \leqslant 3 \\ -1, & ak > 3 \end{cases} \tag{6.21}$$

由于 Kholodenko 公式的形式简洁，一些散射数据分析软件，如 FISH 和 SASFIT 等，都采用这一形式来做散射结果的拟合分析。然而需要指出的是，这一通过类比给出的结构因子不是蠕虫链模型的近似解，也不对应任何具体的高分子链模型。

求解方程 (6.9) 的困难来自于在给定约束条件即式 (6.2) 的情况下求扩散性质，这样直接克服这一困难来求解蠕虫链结构因子的数值方案是进行蒙特卡罗模拟 [34]。Pedersen 等针对离散的蠕虫链模型进行蒙特卡罗模拟，求得不同刚性 L/a 的蠕虫链的结构因子。在他们的计算中，通过选取较高的离散度 ($N > 1000$) 将有限尺寸效应的误差控制在 3%以下 [35]。依据蒙特卡罗求解的结构因子，Pedersen 等提出依赖高分子链刚性的结构因子的经验公式 [36]

$$S\left(ka; L/a\right) = S_{\mathrm{SB}}P + S_{\mathrm{loc}}\left(1-P\right) \tag{6.22}$$

其中，

$$S_{\mathrm{SB}} = S_{\mathrm{Debye}} + b_2\frac{a}{L}\left[\frac{4}{15}+\frac{7}{15x}-\left(\frac{11}{15}+\frac{7}{15x}\right)\exp\left(-x\right)\right] \tag{6.23}$$

$$S_{\mathrm{loc}} = \frac{b_1}{Lak^2}+\frac{\pi}{Lk} \tag{6.24}$$

$$P = \exp\left[-\left(\frac{ka}{p_2}\right)^{p_1}\right] \tag{6.25}$$

这里，S_{Debye} 和 x 的定义与方程 (6.16) 相同；b_1、b_2、p_1、p_2 为拟合参数。为精确起见，各个拟合参数分刚性链和柔性链两种情况，分别通过拟合蒙特卡罗的模拟结果来确定。Pedersen 建议的各个拟合参数的取值见表 6.1。

表 6.1　蠕虫链模型结构因子在刚性和柔性条件下的 Pedersen 展开系数

	b_1	b_2	p_1	p_2	R_{g}^2
$L/a > 2$	1	1	5.33	5.53	$La/6$
$L/a \leqslant 2$	0.0625	0	3.95	$11.7a/L$	$\varepsilon La/6^*$

注：$*\varepsilon = 1-\frac{3a}{2L}+\frac{3a^2}{2L^2}-\frac{3a^3}{4L^3}\left[1-\exp\left(-\frac{2L}{a}\right)\right]$。

除了近似求解外，借助蠕虫链自洽场理论中发展起来的数值技术，可以快速地严格求解方程 (6.9)，并进一步积分得到结构因子 [29]。图 6.1 中给出了严格求解的具有不同刚性的蠕虫链的结构因子。在采用 L/a 来标度结构因子的情况下，不同的 L/a 对应的蠕虫链的数值在大 k 区域重合，在双对数坐标系中都表现为斜率是 1 的直线，由此可以看出在微观尺度上任意链长的高分子都是一维的线型结构。同时对于各条曲线在图中箭头所指的 k^*a 的位置重合。对于 $L/a = 100$ 和 1000 的长链情况，可以看出在 $2\pi/R_{\mathrm{g}} < k < k^*$ 区域中，高分子的构象表现为具有二维分形结构的无规行走。

图 6.2 给出了蠕虫链的精确数值解、Kholodenko 公式和 Pedersen 公式在各刚性情况下蠕虫链的结构因子对比。其中，实线是数值求解的结构因子，方框符号表示 Kholodenko 公式的结果，圆圈符号表示 Pedersen 公式的结果。可以看出 Kholodenko 公式在大 k 和小 k 区域都可以很好地符合数值解。但是由于采用了近似的 Dirac 传播子，所以在 k^*a 附近的过渡区域，Kholodenko 公式偏离数值解。这一偏离对于中等大小的 L/a 即半刚性链的情况表现得尤为严重，如图 6.2 中 $L/a = 1$ 和 5 的情况。Pedersen 的公式在小 k 区域采用 Guinier 行为方程 (6.10) 作为结构因子的近似，在大 k 区域采用刚性链在大 k 下的极限行为方程 (6.24) 作为近似，而对于中等 k 的区域，采用依赖链刚性 L/a 的权重函数公式 (6.25) 将两个极限行为连接起来。从图 6.2 中可以看出，在柔性和半刚性情况下，Pedersen 的公式在各个 k 的区域都有很好的适用性；但是在刚性很强的情况下，在 k^*a 附近的过渡区域与精确数值解有较大的偏离。这是由于在 Pedersen 公式中局域的结构因子 S_{loc} 没有采用刚性链的解析表达式，而是采用了 $ka \to \infty$ 的极限形式，因而在刚性很强的情况下，Pedersen 的表达式不能完全回到刚性链的解析形式。

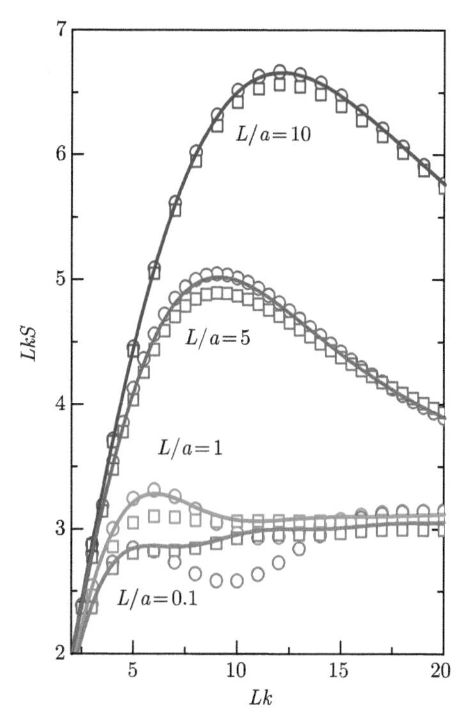

图 6.2 不同方法获得的蠕虫链结构因子的对比，包括数值解 (实线)，Kholodenko 公式 (方框)，Pedersen 公式 (圆圈)

6.3　外场中半刚性高分子结构因子

在实际体系中，由于链段间相互作用的存在，高分子的构象将偏离理想链的构象行为。在平均场近似的理论层面上，相互作用的效应等价于自洽求得的平均场对理想高分子链构象统计的影响。借鉴上述理想链体系中的分析方法可以帮助理解实际体系中高分子的构象行为。此外，在外场中结构因子的求解也是理论上稳定性分析和涨落效应研究的基础。相互作用的蠕虫链体系的一个典型例子是高分子在向列相液晶溶液中的构象问题 [37]。在这一情况下外场仅仅依赖于取向自由度 $W(\boldsymbol{u})$。处于液晶相中的高分子会在分子间相互作用的驱动下沿液晶主轴方向发生取向，实验上观测到了分散在由烟草花叶病毒构成的向列相溶液中的 DNA 和蛋白质等半刚性高分子在向列相的取向作用下可以发生线团到棒 (coil-rod) 的转变 [38]。在界面处嵌段共聚物构成的取向场能够实现对两面神 (Janus) 粒子 [39] 和均聚物的取向 [40]，双层磷脂分子膜形成的界面取向场对二维的石墨烯结构同样可以实现取向作用 [41]。研究这一现象首先采用 Maier-Saupe 的各向异性相互作用建立蠕虫链的自洽场理论来求解向列相溶液的相图。在这一理论中，自洽平均场可以解析地表示成四极矩形式的取向场，$W(\boldsymbol{u}) = \Gamma(\boldsymbol{uu} - \boldsymbol{I}/3)$，其强度可以仅用一个常数 Γ 表示。通过对比各向同性相和向列相的自由能可以确定液晶相转变点以及转变点以上稳定的液晶相对应的取向场的强度 Γ_{IN} (I 代表各向同性 (isotropic)，N 代表向列相 (nematic))。在方程 (6.9) 中引入这一取向场，数值求解给定的取向外场中蠕虫链的传播子，进而可以根据方程 (6.7) 求得单个蠕虫链在液晶相中的结构因子 [42]。

向列相是典型的单轴体系，它对分散在其中的高分子有取向和拉伸两方面作用，因而在向列相外场中，高分子的结构因子不再是各向同性的，而是依赖液晶主轴 $\boldsymbol{n}$ 和波矢 $\boldsymbol{k}$ 的夹角 q_t，如图 6.3(a) 所示。这里以柔性较强的 $L/a = 10$ 的蠕虫链为例，介绍取向场中结构因子的特点。图 6.3(b) 给出了处于各向同性相到向列相相变的转变点上 $L/a = 10$ 的蠕虫链的结构因子。作为参考，在各向同性相中的结构因子用星形符号表示在图 6.3 中。由于链有较好的柔性，因而在介观尺度上 ($10 < ka < 100$) 表现出比较明显的无规行走的行为。取向场中蠕虫链的结构因子在各个方向上的分量用彩色实线表示。由前述讨论可知，结构因子的小 k 区域反映高分子链在较大尺度上的整体性质。由小 k 区域对应的结构因子的 Guinier 渐近形式方程 (6.10) 可以看出，结构因子 $S(k)$ 随着 k 增大而衰减，衰减的快慢取决于分子的回转半径 (惯量主轴的长度)，回转半径越大衰减得越快。根据这一方法，分析平行和垂直与取向场主轴方向上的结构因子，可以求得均方回转半径的两个分量 $\langle R^2_{\mathrm{g}\parallel}\rangle$ 和 $\langle R^2_{\mathrm{g}\perp}\rangle$，它们分别对应于蠕虫链的惯量张量在平行和垂直于取向场方向上的两个主轴的大小。在图 6.3 中给出的情况，由于垂直于取向场方

向的分量 $S_\perp$ (图中 $\theta_t=\pi/2$) 要高于平行于取向场方向的分量 $S_\parallel$ (图中 $\theta_t=0$)，而在无外场情况下的 S (图中的星形符号) 介于二者之间，所以处于向列相中蠕虫链的 $\langle R_{g\parallel}^2\rangle$ 要大于 $\langle R_{g\perp}^2\rangle$，且满足 $\langle R_{g\perp}^2\rangle<\langle R_g^2\rangle<\left\langle R_{g\parallel}^2\right\rangle$。这是在取向外场的作用下高分子链被拉伸，从而导致在平行于取向场的方向上高分子的整体尺度变大，相应地在垂直于取向场的方向上高分子发生收缩。对于大 k 极限情况下，不同方向上结构因子的分量都满足一维线型链结构的标度规律。将这个标志着一维线型结构性质区域做延长线，与小 k 区域的渐近表达式方程 (6.10) 所预言的平台相交，其交点可以用来确定链的持久长度。利用这一方法分析在取向场中的蠕虫链的结构因子，在平行和垂直于主轴方向的分量，可以得到两个方向上的键取向关联长度，如图 6.3(b) 中箭头所示。可以看出在平行于取向场方向上的键取向的关联长度要大于垂直方向上的关联长度。在接近 Kuhn 长度的尺度上，蠕虫链不可伸长的约束条件限制了取向场对链的拉伸作用，因而链对取向场的响应以分子键的取向为主。综上，蠕虫链在取向场的作用下产生各向异性的构象。这里的外场不依赖位置自由度 $\boldsymbol{r}$，仅与取向自由度 $\boldsymbol{u}$ 有关，因而与尺度无关。但是，蠕虫链对取向场的响应却是尺度依赖的。在介观尺度上，外场对高分子以拉伸作用为主，在 Kuhn 长度尺度上，外场对高分子以取向作用为主。

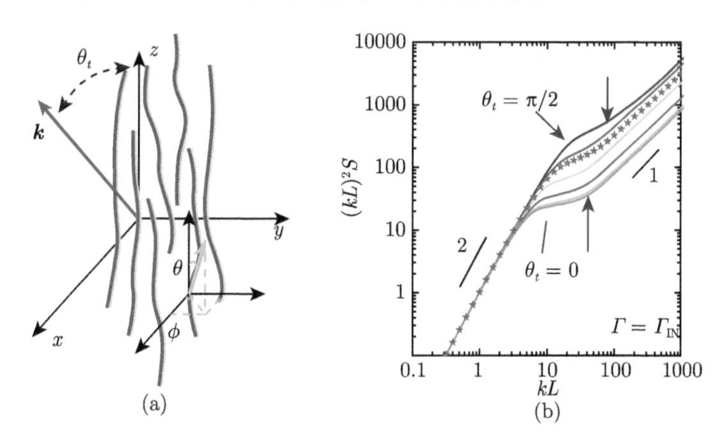

图 6.3 图 (a) 中给出了计算结构因子的坐标系。图 (b) 中给出了对于 $L/a=10$ 情形蠕虫链在向列相场中的结构因子。这里 θ_t 是向列相主轴 $\boldsymbol{n}$ 与散射波矢 $\boldsymbol{k}$ 之间的夹角。各条曲线自下而上是 θ_t 取不同角度的结构因子，利用箭头所指处的 k 值可以确定持久长度

蠕虫链同时依赖取向和位置空间的自由度，其传播子满足的方程是在五维空间中的扩散方程，这使得严格求解蠕虫链的结构因子变得非常困难。以上总结了蠕虫链结构因子求解的最新进展，并通过对结构因子在不同波数 k 区域的分析展现了蠕虫链模型的多尺度特性。作为更普适的高分子模型，蠕虫链模型不仅能够描述从链长 L 尺度到 R_g 尺度，同时也能描述从 R_g 尺度到 Kuhn 长度 a 的尺度

上的高分子链的构象统计，它突破了高斯链模型仅能描述 R_g 尺度附近性质的这一粗粒化近似。蠕虫链结构因子的严格求解除了为实验上散射数据的分析提供精确、快捷的手段外，也为高分子场论理论建立了从微观到介观的桥梁。可以预想到，在未来的工作中，严格求解在有序和无序外场中的蠕虫链结构因子将被用于具有刚性高分子体系的稳定性分析和涨落效应的研究中。

6.4　高斯涨落理论和无规相近似

在 6.3 节中确定的理想链的结构因子是高斯涨落理论的出发点。该理论一般用于确定给定结构的结构因子，并进一步对结构的稳定性进行分析。它的思想是考虑自洽场理论得到的参考态周围的弱涨落，将有效哈密顿量展开为涨落的级数，保留二阶项。其二阶项可表示为一组线性无关的谐振子能之和。这些谐振子的模量是二阶项系数矩阵的本征值，它们对应着有序结构的特征涨落模式的能耗。此外，将有效哈密顿量写成这种简单的二次项形式，其配分函数可以利用高斯积分解析求得，从而得到近似的自由能。这种方法叫作无规相近似 (RPA)。该理论已用于预测线性 [43]、梳形、星形 [44] 和星形二嵌段 [45] 共聚物的结构因子。此外 Semenov 等采用这一方案预测了动态结构因子 [46]。

本节将以 AB 嵌段共聚物的微观相分离为例，介绍蠕虫状链 (WLC) 模型的高斯涨落理论。因为 WLC 模型可以描述高分子链在整个刚性范围内的统计行为，因此为了全面理解二嵌段聚合物体系的相行为，需要建立基于 WLC 的高斯涨落理论 [29]。由于理想 WLC 的结构因子没有解析结果，所以高斯涨落理论直到 2014 年才利用数值求解的结构因子应用于 WLC 的 AB 嵌段共聚物，并针对链刚性对微观相分离的旋节线的影响进行了研究。此前的研究工作均是采用近似的半刚性链模型来代替 WLC 来研究刚性效应。Singh 等用有限长度的自由连接杆近似描述半刚性链，提出了用于构建该种链的相关函数的机制 [6]。在该模型中，链刚性由链中所含单体的总量和刚性链段中单体的数目所决定。当它们之间的比值很大时，高分子链的统计行为是随机行走；当比率接近于单位 1 时变为刚性杆的行为。作者基于该模型分析了二嵌段共聚物的微相分离，得出在柔性极限下对称半刚性嵌段共聚物的临界点为 $(\chi L/a)_c = 10.5$，这与高斯链模型确定的结果相吻合 [22]。而对于其中任意两个嵌段，在连接点处自由旋转的对称棒–棒共聚物的转变点为 $(\chi L/a)_c = 8.3$ [47]，连接点不可以自由旋转的对称杆的转变点为 $(\chi L/a)_c = 6.135$ [48,49]。Friedel 采用小累积量展开计算了半刚性链模型在短半不变量方面的结构因子 [50]。这种近似要求平均单体–单体距离 $|R(s) - R(s')|$ 要远小于典型的波长 $2\pi/k$；在这种情况下，链的局部性质被完全忽略。因此，对于柔性链极限，这种近似可以有效地恢复对高斯链模型的预测。然而，对于具有有限

刚性的聚合物链，该近似变得不再准确。对称棒–棒共聚物无序到有序转变临界点预测值 $(\chi L/a)_c = 8.4$ 高于数值 $(\chi L/a)_c = 6.135$。

6.4.1 蠕虫状二嵌段共聚物的高斯涨落理论

考虑 n 条 AB 二嵌段共聚物链构成的不可压缩体系，每个链中 A 嵌段和 B 嵌段的链段数分别为 N_A 和 N_B。聚合物链的组分分数由公式 $f = N_A/N$ 给出。为了简单起见，假定每种类型的嵌段具有相同的 Kuhn 长度 a 和相等的链段体积 ρ_0^{-1}。由 L 表示的嵌段共聚物的轮廓长度 $L = Na$, 那么链段数 $N = N_A + N_B$。

局部不混溶性可以用 Flory-Huggins 型表达式来描述 [51]。我们没有采用先前研究 [14] 中采用的点状 δ 函数，而是采用了一个具有有限相互作用力程 ε 的一般性的相互作用函数 $h(R)$, 该有限力程 ε 等效于考虑了链段间相互作用的体积效应。这样相互作用项可以表示为

$$H_1 = \chi\rho_0 \int \mathrm{d}r \int \mathrm{d}r' h(|r - r'|)\hat{\phi}_A(r)\hat{\phi}_B(r) \tag{6.26}$$

函数 $h(\boldsymbol{R})$ 可以采用任何形式，但需要满足归一化条件 $\int \mathrm{d}\boldsymbol{R} h(\boldsymbol{R}) = 1$。这里假设对于各个组分间的相互作用 A-A，B-B 和 A-B 采用相同的形式 $h(\boldsymbol{R})$，为方便起见，类似 Flory-Huggins 参数 χ 表现出由所有组分产生的净相互作用。此外，有效相互作用力程 ε 可以通过 $\varepsilon^2 = \int \mathrm{d}\boldsymbol{R}\boldsymbol{R}^2 h(\boldsymbol{R})$ 来计算。为了不失一般性，这里考虑两个具有有限力程的相互作用势函数。首先是势函数为高斯分布

$$h(r) = \frac{1}{(2\pi)^{3/2}\varepsilon^3} \exp\left(-\frac{r^2}{2\varepsilon^2}\right) \tag{6.27}$$

其次是 Yukawa 型势能，通常用于表征相互作用的屏蔽效应 (例如，在高浓度的聚合物溶液中和聚电解质系统中)，它具有以下形式

$$h_\gamma(r) = \frac{1}{4\pi\varepsilon^2 r} \exp\left(-\frac{r}{\varepsilon}\right) \tag{6.28}$$

用有限屏蔽长度 ε 来刻画屏蔽效果。每个组分的密度算符分别定义为

$$\phi_A(r) = \frac{N}{\rho_0} \sum_{k=1}^{n} \int_0^f \mathrm{d}s \delta[r - R_k(s)] \tag{6.29}$$

$$\phi_B(r) \equiv \frac{N}{\rho_0} \sum_{k=1}^{n} \int_f^1 \mathrm{d}s \delta[r - R_k(s)] \tag{6.30}$$

有效的哈密顿量可以通过以下方式表达

$$\beta F = -\ln Q + \frac{1}{V} \int \mathrm{d}\boldsymbol{r} \Big\{ \chi N \int \mathrm{d}\boldsymbol{r}' h(|\boldsymbol{r} - \boldsymbol{r}'|)\phi_A(\boldsymbol{r})\phi_B(\boldsymbol{r}') - \omega_A(\boldsymbol{r})\phi_A(\boldsymbol{r})$$

$$-\omega_B(\boldsymbol{r})\phi_B(\boldsymbol{r})+\xi(\boldsymbol{r})\left[\phi_A(\boldsymbol{r})+\phi_B(\boldsymbol{r})-1\right]\Big\}\tag{6.31}$$

作用在两个组分上的平均场分别为 $\omega_A(r)$ 和 $\omega_B(r)$，$\phi_A(r)$ 和 $\phi_B(r)$ 为两种组分的平均体积分数分布，拉格朗日乘子 $\xi(r)$ 用于约束对系统的不可压缩性。单链配分函数 Q 表示为

$$Q=\frac{1}{4\pi}\int \mathrm{d}\boldsymbol{r}\mathrm{d}\boldsymbol{u}q(\boldsymbol{r},\boldsymbol{u},s=1)\tag{6.32}$$

传播子 $q(\boldsymbol{r},\boldsymbol{u},s)$ 可以通过求解 MDE 得到 [14,33]

$$\frac{\partial}{\partial s}q(\boldsymbol{r},\boldsymbol{u},s)=\left[N\nabla_{\boldsymbol{u}}^2-L\boldsymbol{u}\cdot\nabla_{\boldsymbol{r}}-\omega(\boldsymbol{r},\boldsymbol{u},s)\right]q(\boldsymbol{r},\boldsymbol{u},s)\tag{6.33}$$

初始条件为 $q(\boldsymbol{r},\boldsymbol{u},0)=1$, 对于当前系统

$$\omega(\boldsymbol{r},\boldsymbol{u},s)=\begin{cases}\omega_A(\boldsymbol{r},\boldsymbol{u}), & 0\leqslant s\leqslant f\\ \omega_B(\boldsymbol{r},\boldsymbol{u}), & f\leqslant s\leqslant 1\end{cases}$$

由于二嵌段共聚物的末端不同，需要引入传播子 $q^*(\boldsymbol{r},\boldsymbol{u},s)$，它满足类似的 MDE

$$\frac{\partial}{\partial s}q^*(\boldsymbol{r},\boldsymbol{u},s)=\left[N\nabla_{\boldsymbol{u}}^2-Lt\cdot\nabla_{\boldsymbol{r}}-\omega(\boldsymbol{r},\boldsymbol{u},s)\right]q^*(\boldsymbol{r},\boldsymbol{u},s)\tag{6.34}$$

初始条件为 $q^*(\boldsymbol{r},\boldsymbol{u},1)=1$。

通过使方程 (6.31) 中关于函数 $\delta H/\delta\zeta=0$ 的自由能泛函最小，即令 $\zeta=\phi_A,\phi_B,\omega_A,\omega_B$，可以得到自洽场论方程。

$$\omega_A(\boldsymbol{r})=\chi N\int \mathrm{d}\boldsymbol{R}h(\boldsymbol{R})\phi_B(|\boldsymbol{r}-\boldsymbol{R}|)+\xi(\boldsymbol{r})\tag{6.35}$$

$$\omega_B(\boldsymbol{r})=\chi N\int \mathrm{d}\boldsymbol{R}h(\boldsymbol{R})\phi_A(|\boldsymbol{r}-\boldsymbol{R}|)+\xi(\boldsymbol{r})\tag{6.36}$$

$$\phi_A(\boldsymbol{r})=\frac{1}{4\pi Q}\int \mathrm{d}\boldsymbol{u}\int_0^f \mathrm{d}sq(\boldsymbol{r},\boldsymbol{u},s)q^*(\boldsymbol{r},\boldsymbol{u},s)\tag{6.37}$$

$$\phi_B(\boldsymbol{r})=\frac{1}{4\pi Q}\int \mathrm{d}\boldsymbol{u}\int_f^1 \mathrm{d}sq(\boldsymbol{r},\boldsymbol{u},s)q^*(\boldsymbol{r},\boldsymbol{u},s)\tag{6.38}$$

$$\phi_A(\boldsymbol{r})+\phi_B(\boldsymbol{r})=1\tag{6.39}$$

这些方程的解 $\zeta^*(\boldsymbol{r})$ 表示平均场水平下的平衡场结构，将其代入方程 (6.31)，我们可以得到 $F^*=H^*$，即在平均场近似的基础上确定的自由能。

均匀相作为一个平均场的特殊解，是不依赖于空间位置 $\boldsymbol{r}$ 的。在弱的不均匀条件采用 RPA，考虑平均场解 ζ^* 周围的涨落 $\delta\zeta(r)$

$$\zeta(r)=\zeta^*+\delta\zeta(r)\tag{6.40}$$

这样有效哈密顿量可以表示为 $\beta F \approx \beta F^{*} + \beta F^{(2)}$，其中 $\beta F^{(2)}$ 是高斯涨落的贡献 [52]。配分函数可以近似为

$$Z \approx \exp(-\beta F^{*}) \int D\{\delta\phi\} \exp\left\{-\beta F^{(2)}[\delta\phi]\right\} \tag{6.41}$$

其中 $\delta\phi = \delta\phi_A - \delta\phi_B$，在 k 空间中

$$\beta F^{(2)} = \frac{1}{2}\int \frac{\mathrm{d}k}{(2\pi)^3} \delta\phi(\boldsymbol{k}) C_{\mathrm{RPA}}^{-1}(\boldsymbol{k}) \delta\phi(-\boldsymbol{k}) \tag{6.42}$$

$C_{\mathrm{RPA}}(\boldsymbol{k})$ RPA 关联函数的 k 空间表示，它表示链段之间有效对相互作用。它的倒数是多链系统的结构因子，它表征相应涨落模式 $\delta\phi(\boldsymbol{k})$ 的能耗。因为这里选取的参考态为 SCFT 的空间均相解，所以相关函数仅取决于波数 k，它可以用链内关联函数 C_{AA}，C_{BB} 和 C_{AB} 表示

$$C_{\mathrm{RPA}}^{-1}(k) = \frac{C_{AA}(k) + 2C_{AB}(k) + C_{BB}(k)}{4\left[C_{AA}(k)C_{BB}(k) - C_{AB}^{2}(k)\right]} - \frac{1}{2}\chi N \tilde{h}(k) \tag{6.43}$$

链内关联函数可以通过 6.2 节讨论的方法计算，我们得到

$$C_{AA}(k) = \frac{1}{4\pi}\int_0^f \mathrm{d}s \int_0^s \mathrm{d}s'\mathrm{d}t \left[G(k,t,s-s') + G(-k,t,s-s')\right] \tag{6.44}$$

$$C_{BB}(k) = \frac{1}{4\pi}\int_0^{1-f} \mathrm{d}s \int_0^s \mathrm{d}s'\mathrm{d}t \left[G(k,t,s-s') + G(-k,t,s-s')\right] \tag{6.45}$$

$$C_{AB}(k) = C_{BA}(k) = \frac{1}{2}\left[S(k) - C_{AA}(k) - C_{BB}(k)\right] \tag{6.46}$$

在方程 (6.43) 中，$\tilde{h}(k)$ 是倒数空间中的势函数。对于高斯形式，

$$\tilde{h}_G(k) = \exp\left(-\frac{k^2\varepsilon^2}{2}\right) \tag{6.47}$$

对 Yukawa 形式，

$$\tilde{h}_\gamma(k) = \frac{1}{k^2\varepsilon^2 + 1} \tag{6.48}$$

两种类型的势能将在 RPA 算例中进行比较。有了 $C_{\mathrm{RPA}}^{-1}(k)$ 的表达式，我们对 k 求这个函数的极小值 $C_{\mathrm{RPA}}^{-1}(k^{*})$，这里 k^{*} 对应软模式 $\delta\phi(k^{*})$ 的波数。因为 $C_{\mathrm{RPA}}^{-1}(k)$ 是涨落模式 $\delta\phi(k)$ 的模量，所以当改变 χN 使得 $C_{\mathrm{RPA}}^{-1}(k^{*})$ 减小到 0 时，均匀相变得不稳定，开始发生微观相分离。此时对应的 χN 为系统的旋节点，即

$$(\chi N)_{\mathrm{s}} = \min\left[\tilde{C}(k)/\tilde{h}(k)\right] \tag{6.49}$$

$$\tilde{C}(k) = \frac{C_{AA}(k) + 2C_{AB}(k) + C_{BB}(k)}{2[C_{AA}(k)C_{BB}(k) - C_{AB}^{2}(k)]} \tag{6.50}$$

微相分离形成的有序结构的特征尺寸可以由 $D \equiv 2\pi/k^{*}$ 确定。

6.4.2 在 δ 相互作用势下的蠕虫状二嵌段共聚物

当相互作用力程 $\varepsilon = 0$ 时，系统回到通常用的 δ 相互作用势形式。这种情况下二嵌段共聚物的旋节线的数值结果如图 6.4 所示，其中包含不同刚性 (用 L/a 衡量) 的系统。在当前例子中，A 的体积分数在整个范围 $f = [0, 1]$ 内的相图关于 $f = 0.5$ 对称，因此图中只画出了一半 $f = [0, 0.5]$ 的图像。作为对比, 图中还分别展示了直接利用方程 (6.4) 和 (6.22) 的解析表达式计算的高斯链模型和硬棒链模型的旋节线，见图中红色和蓝色虚线。

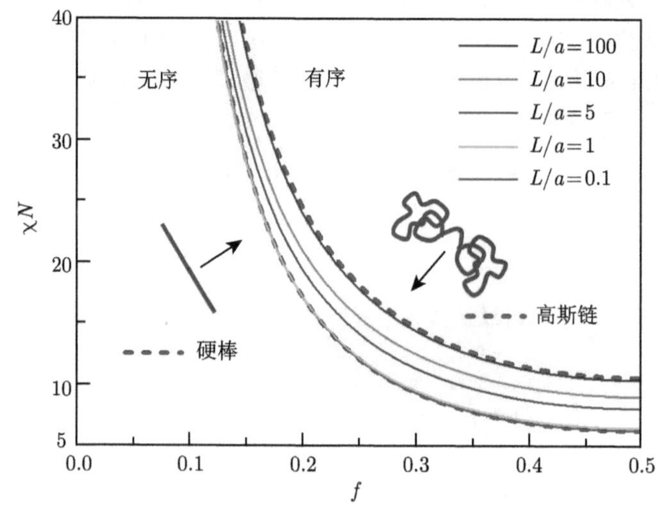

图 6.4　一条不同刚性的蠕虫状二嵌段共聚物的旋节线，其中展示了 L/a=0.1, 1, 5, 10, 100。最上面的红色虚线表示解析方程给出的高斯链模型，而最下面的蓝色虚线则表示硬棒模型

当刚性 L/a 增大时，WLC 的旋节线逐渐趋近于高斯链的结果曲线。从图 6.4 中可以看出，当 L/a 的值高达 100 时，曲线基本上与红色虚线重合。而刚性的降低有助于有序相区的扩张。这可以通过考虑 WLC 构象熵的影响来定性解释。在有序相中，A 和 B 二嵌段在 Flory-Huggins 排斥作用下被拉伸，这使得链的构象熵降低。这二者的平衡决定了相区的宽度。较硬链的熵的损失小于柔性链，因而旋节线随着刚性增加逐渐降低。若刚性 L/a 进一步降低，则旋节线最终将接近图 6.4 中蓝色虚线展示的硬棒模型预期的曲线，可见 $L/a = 0.1$ 的曲线已经明显达到了硬棒极限。

对于固定 $f = 0.5$ 时，旋节线作为 L/a 的函数如图 6.5(b) 中圆圈曲线所示。在这个例子中，系统经历了如文献 [48]，[49] 中讨论的从无序相到层状相的二级相变。特别地，此时的旋节线与二级相变的曲线吻合。在高斯链模型中，对于对称的二嵌段共聚物熔体，其有序–无序转变临界点发生在 $\chi N = 10.495$ 处，这个

值在文献 [43] 中被明确给出。随着刚性 L/a 的降低，临界点 χN 将减少，如图 6.5(b) 中圆圈曲线所示。当 $L/a \ll 1$ 时，高分子链变刚性，在硬棒极限下旋节线接近 $\chi L/a = 6.135$。这两个极限都表示为图 6.4 中的点线。而且根据高斯涨落理论预测的，在 $f = 0.5$ 的旋节线 $(\chi N)_s(L/a)$ 与 SCFT[48,53] 确定的双节线完全一致。这就说明在平均场下，$f = 0.5$ 是整个 L/a 区间范围内的临界点。然而，对硬棒–线团二嵌段共聚物的旋节线和双节线的进一步研究表明，它们从不相交 [54]。这意味着在刚性不对称嵌段共聚物中没有临界点。在中间范围 $L/a \in (1, 100)$ 内，旋节线发生了明显的变化。在该区域内，蠕虫链的统计特性具有典型的半刚性性质。

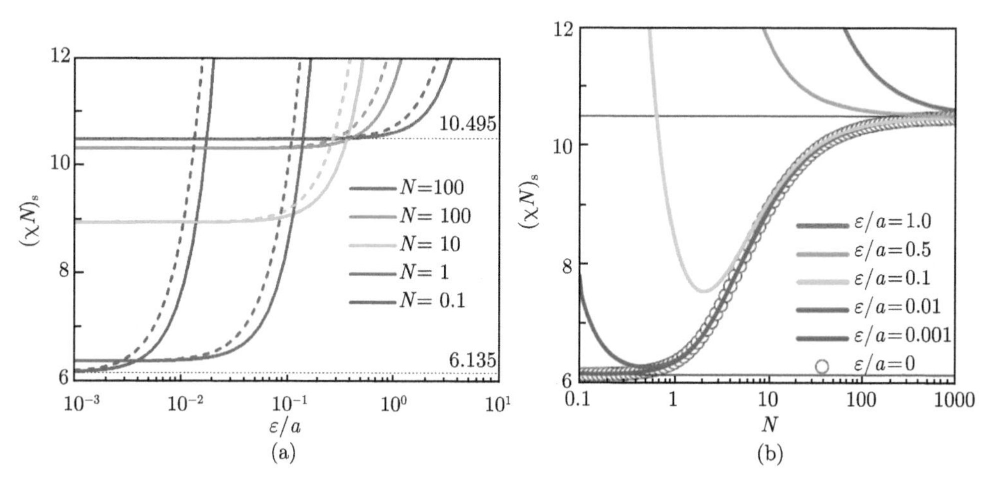

图 6.5 一条蠕虫状二嵌段共聚物的旋节线的相互作用的效应，其中分别以相互作用力程ε/a和刚性 N 作为变量 [31]。在 (a) 中，给出了在柔性 (大 N) 和棒状 (小 N) 极限之间中间各个 N 的情况。实线与长虚线分别表示高斯与 Yukawa 相互作用下的数值结果；在 (b) 中，展示了许多相互作用力程的情况

6.4.3 相互作用的有限力程效应

对于短嵌段共聚物，其界面宽度的尺寸远小于长嵌段共聚物的界面宽度，甚至趋近于一个 Kuhn 长度 [7]。在这样小的尺度情况下，链段的体积在短嵌段共聚物的相分离中发挥着极其重要的作用，并将会影响相分离的临界点 [5]。

在高分子系统的场论研究中，粗粒化尺度的 δ 函数相互作用势和高斯链模型应用最广泛。在这个近似下，相互作用力程 ε 和 Kuhn 长度 a 的性质被忽略。这是因为在弱不均匀条件下，长链系统的特征长度大致等于聚合物链的旋转半径 R_g。R_g 是介观尺度，远大于微观尺度的 ε 和 a。根据重正化的思想，所有微观尺度上的性质对相行为都不重要并可以忽略不计。因此，高斯链模型适用于表征聚合物在介观尺度上的统计特性，同时采用 δ 函数的相互作用对于研究高斯链模型的场

论已经足够。基于这些粗粒化模型，大大简化了场论的求解过程，并广泛应用于聚合物体系的相行为研究。然而还有一些聚合物体系的相行为涉及多个尺度性质，即微观尺度的性质不能再被忽略。WLC 模型包含两个尺度：持久长度和链长。它将聚合物系统的场论推广到小尺度链的情况和处于完全拉伸状态链的情况。在这些情况下，特征长度远小于链长，从而微观尺度的性质变得重要。WLC 模型可以描述的最小尺寸小于 Kuhn 长度，相应的相互作用也应采用具有力程的微观尺度模型，以适配 WLC 模型的尺度特征。然而，基于 WLC 模型的场论理论研究通常忽略相互作用力程，这就需要对相互作用势的粗粒化近似进行定量验证。

根据方程 (6.48) 给出的 RPA 方法，旋节点 $(\chi N)_{\rm s}$ 依赖势能函数 $h(k)$ 形式，函数中包含特征长度 ε。在极限 $\varepsilon\to 0$ 时，两种形式的势能函数都满足：$h(k)\to 1$，旋节点恢复到 δ 型势能的理论预测的形式，由下式决定

$$(\chi N)_0=\min[C(k)] \tag{6.51}$$

考虑有限 ε 情况，在很小和很大的长度尺度极限下，高斯型和 Yukawa 型的势能有相似的行为。对于尺度远大于 ε 时 (即 $k\to 0$)，$h(k)\to 1$，回到 δ 势能函数的系统的行为。对于尺度远小于 ε 时 (即 $k\to\infty$)，$h(k)\to 0$。这大大增加了涨落模式 $\delta\phi(k\to\infty)$ 的模量，增强了系统对于波长小于 ε 的涨落的稳定性，因而系统不能形成特征长度小于 ε 的结构。当涨落模式的波长约等于 ε 时，相互作用力程总是会提升涨落模式的模量，同时也会提升系统的旋节点 $(\chi N)_{\rm s}$。

图 6.5(a) 对比了高斯型和 Yukawa 型相互作用的系统在不同 $\boldsymbol{N}$ 值 $f=0.5$ 的嵌段共聚物的旋节点对相互作用力程 ε/a 的依赖关系。在 $\varepsilon\to 0$ 极限下，随着 N 从 0 变化到 ∞，$(\chi N)_{\rm s}$ 单调地从 6.135 上升至 10.495。由于有限相互作用力程总是趋于增强系统对于涨落的稳定性，因此对于有限 ε 的系统的旋节点 $(\chi N)_{\rm s}$ 总大于 $\varepsilon=0$ 的系统。如图 6.5(a) 所示，随着两步进程中旋节点随着 ε/a 增加而增加的过程是一个两阶段过程，这里定义两个阶段过程分界点为 $\varepsilon_{\rm c}$。对于所有 N 值的旋节线都有相似的行为。对于 $\varepsilon<\varepsilon_{\rm c}$，旋节点几乎与 ε 无关；相反，对于 $\varepsilon>\varepsilon_{\rm c}$，旋节点随 ε 快速上升。此外，两种不同的相互作用势得到的结果不同。Yukawa 势系统的旋节点比高斯型势的高，特别是当 $\varepsilon>\varepsilon_{\rm c}$ 时，差别高达 30%。这些结果表明，$\varepsilon_{\rm c}$ 是粗粒化近似的临界长度。当 $\varepsilon<\varepsilon_{\rm c}$ 时，相互作用力程效应可以忽略。对于大 N 情况，如 $N=1000$，$\varepsilon_{\rm c}/a\sim 1$。当相互作用力程 ε 小于 Kuhn 长度 a 时，$(\chi N)_{\rm s}\approx 10.495$，此时系统相行为几乎不依赖微观细节，如相互作用力程和势能的形式。在这种情况下，这些系统的微观性质的效应可以忽略，那么基于高斯链和 δ 函数相互作用的理论是一个好的近似；当 ε 等于或者大于 a 时，微观细节就变得重要，基于 δ 函数相互作用势的理论不足以能够描述高分子系统的相行为，具有有限相互作用力程的势函数就变得必要了。此外，$\varepsilon_{\rm c}$ 依赖于链长

N。随着 N 的降低，ε_c/a 连续降低，这也就意味着可以用 δ 势能函数作为近似相互作用势的标准下降了。对于小分子量的链，如 $N=0.1$，ε_c/a 小于 10^{-3}，此时相互作用的微观细节不能被忽略。相互作用势能的形式或者相互作用力程的微小改变都将导致旋节点巨大的变化。由图 6.5 可知，δ 函数型的相互作用只在大 N 情况下是好的粗粒化近似。而对于低分子量的系统，相互作用力程的效应将主导相行为。

对于极限 $\varepsilon/a=0$ (见图 6.5(b) 的圆圈曲线)，$(\chi N)_s$ 在 $N\in(1,100)$ 区间随 N 单调上升。这种行为的原因是随着 N 增加，构象熵增加，因而 N 越大的系统需要越高的 $(\chi N)_s$ 来实现相分离 [29]。对于中等 N 和小 N 极限情况，相互作用力程 ε 极大地提高了系统的旋节点。当 N 增加时，ε 的效应减弱；当 $N\approx N_c$ 时，旋节点恢复到 $\varepsilon=0$ 的结果。当 $N>N_c$ 时，相互作用力程效应可以忽略。值得注意的是，N 对构象熵效应和相互作用力程效应的贡献是相互竞争的，随着 N 的增加，构象熵增大，而相互力程的效应逐渐减弱。对于小 ε 及 $N_c<100$ 时，这种竞争的行为让 $(\chi N)_s$ 对 N 的函数关系变成凹曲线，并有一个最小的旋节点出现。随着 ε 的增加，相互作用力程的效应增强，N_c 也连续增加。在 ε 足够大时，$(\chi N)_s$ 变成了 N 的单调递减的函数。本质上来讲，相互作用力程效应来源于相分离的相区尺寸 D/a 与相互作用力程 ε/a 竞争的结果。如上所述，当 $k>2\pi/\varepsilon$ 时，等效排除体积 $\tilde{v}(k)\to 0$，这使高频涨落模式的模量迅速增大。这种情况下，为了实现微相分离的发生，让涨落 $\delta\phi(k>2\pi/\varepsilon)$ 变得不稳定，则需要更大的 χN。这一效应来自排除体积相互作用，两个链段在 ε 的尺度上不能互相重合。因此，相互作用力程 ε 是系统相行为的一个长度尺度的下限，任何小于 ε/a 尺度的结构都不能形成。

参 考 文 献

[1] Murphy M, Rasnik I, Cheng W, et al. Probing single-stranded DNA conformational flexibility using fluorescence spectroscopy. Biophys. J., 2004, 86(4): 2530-2537.

[2] Gittes F, Mickey B, Nettleton J, et al. Flexural rigidity of microtubules and actin filaments measured from thermal fluctuations in shape. J. Cell. Biol., 1993, 120(4): 923-934.

[3] Humar M, Ravnik M, Pajk S, et al. Electrically tunable liquid crystal optical microresonators. Nature Photon., 2009, 3(10): 595-600.

[4] Kennemur J G, Yao L, Bates F S, et al. Sub-5 nm domains in ordered Poly(cyclohexylethylene)-block-poly (methyl methacrylate) block polymers for lithography. Macromolecules, 2014, 47(4): 1411-1418.

[5] Fredrickson G H. The Equilibrium Theory of Inhomogeneous Polymers. Oxford: Oxford University Press, 2006: 44.

[6] Singh C, Goulian M, Liu A J, et al. Phase behavior of semiflexible diblock copolymers. Macromolecules, 1994, 27(11): 2974-2986.

[7] Matsen M W. Self-consistent field theory for melts of low-molecular-weight diblock copolymer. Macromolecules, 2012, 45(20): 8502-8509.

[8] Kuznetsov D V, Chen Z Y. Semiflexible polymer brushes: a scaling theory. J. Chem. Phys., 1998, 109(16): 7017-7027.

[9] Yamakawa H. Statistical mechanics of wormlike chains: path integral and diagram methods. J. Chem. Phys., 1973, 59(7): 3811-3815.

[10] Spakowitz A J, Wang Z G. Exact results for a semiflexible polymer chain in an aligning field. Macromolecules, 2004, 37(15): 5814-5823.

[11] Stepanow S, Schütz G M. The distribution function of a semiflexible polymer and random walks with constraints. Europhys. Lett., 2002, 60(4): 546-551.

[12] Chen Z Y. Continuous isotropic-nematic transition of partially flexible polymers in two dimensions. Phys. Rev. Lett., 1993, 71(1): 93-96.

[13] Liu A J, Fredrickson G H. Free energy functionals for semiflexible polymer solutions and blends. Macromolecules, 1993, 26(11): 2817-2824.

[14] Morse D C, Fredrickson G H. Semiflexible polymers near interfaces. Phys. Rev. Lett., 1994, 73(24): 3235-3238.

[15] Song W D, Tang P, Zhang H D, et al. New numerical implementation of self-consistent field theory for semiflexible polymers. Macromolecules, 2009, 42(16): 6300-6309.

[16] Jiang Y, Chen J Z Y. Isotropic-nematic interface in a lyotropic system of wormlike chains with the Onsager interaction. Macromolecules, 2010, 43(24): 10668-10678.

[17] Gao J, Tang P, Yang Y. Non-lamellae structures of coil–semiflexible diblock copolymers. Soft Matter, 2013, 9(1): 69-81.

[18] Jiang Y, Chen J Z Y. Influence of chain rigidity on the phase behavior of wormlike diblock copolymers. Phys. Rev. Lett., 2013, 110(13): 138305.

[19] Jiang Y, Chen J Z Y. Self-consistent field theory and numerical scheme for calculating the phase diagram of wormlike diblock copolymers. Phys. Rev. E, 2013, 88(4): 042603.

[20] Tang J Z, Zhang X H, Yan D D. Compression induced phase transition of nematic brush: a mean-field theory study. J. Chem. Phys., 2015, 143(20): 204903.

[21] Flory P J. Principles of Polymer Chemistry. New York: Cornell University Press, 1953: 121-122.

[22] Yeung C, Shi A C, Noolandi J. et al. Anisotropic fluctuations in ordered copolymer phases. Macromol. Theory Simul., 1996, 5(2): 291-298.

[23] Fredrickson G H, Helfand E. Fluctuation effects in the theory of microphase separation in block copolymers. J. Chem. Phys., 1987, 87(1): 697-705.

[24] Schweizer K S, Curro J G. Integral equation theories of the structure, thermodynamics, and phase transitions of polymer fluids. Adv. Chem. Phys., 2007, 98: 1-142.

[25] Netz R R, Andelman D. Neutral and charged polymers at interfaces. Phys. Rep., 2003, 380(1-2): 1-95.

[26] Ariel G, Andelman D. Polyelectrolyte persistence length: attractive effect of counterion correlations and fluctuations. Europhys. Lett., 2003, 61(1): 67-73.

[27] Nakamura I, Shi A C, Wang Z G. Ion solvation in liquid mixtures: effects of solvent reorganization. Phys. Rev. Lett., 2012, 109(25): 257802.

[28] Neugebauer T. Berechnung der lichtzerstreuung von fadenkettenlösungen. Ann. Phys., 1943, 42(5): 509-533.

[29] Zhang X H, Jiang Y, Miao B, et al. The structure factor of a wormlike chain and the random-phase-approximation solution for the spinodal line of a diblock copolymer melt. Soft Matter, 2014, 10(29): 5405-5416.

[30] Deng M G, Jiang Y, Liang H J, et al. Wormlike polymer brush: a self-consistent field treatment. Macromolecules, 2010, 43(7): 3455-3464.

[31] Jiang Y, Zhang X H, Miao B, et al. Microphase separation of short wormlike diblock copolymers with a finite interaction range. Soft Matter, 2016, 12(8): 2481-2490.

[32] Feigin L A, Svergun D I. Structure Analysis by Small-Angle X-Ray and Neutron Scattering. New York: Plenum Press, 1987: 191-193.

[33] Kholodenko A L. Analytical calculation of the scattering function for polymers of arbitrary flexibility using the Dirac propagator. Macromolecules, 1993, 26(16): 4179-4183.

[34] Hsu H P, Paul W, Binder K. Scattering function of semiflexible polymer chains under good solvent conditions. J. Chem. Phys., 2012, 137(17): 174902.

[35] Pedersen J S, Laso M, Schurtenberger P. Monte Carlo study of excluded volume effects in wormlike micelles and semiflexible polymers. Phys. Rev. E, 1996, 54(6): R5917-R5920.

[36] Pedersen J S, Schurtenberger P. Scattering functions of semiflexible polymers with and without excluded volume effects. Macromolecules, 1996: 29(23): 7602-7612.

[37] Chen J Z Y. Configuration of semiflexible polymer chains in the nematic phase. Macromolecules, 1994, 27(8): 2073-2078.

[38] Dogic Z, Zhang J, Lau A W C, et al. Elongation and fluctuations of semiflexible polymers in a nematic solvent. Phys. Rev. Lett., 2004, 92(12): 125503.

[39] Xu K L, Guo R H, Dong B J, et al. Directed self-assembly of Janus nanorods in binary polymer mixture: towards precise control of nanorod orientation relative to interface. Soft Matter, 2012, 8(37): 9581-9588.

[40] Yu P Q, Yan L T, Chen N, et al. Confined crystallization behaviors and phase morphologies of PVCH-PE-PVCH/PE homopolymer blends. Polymer, 2012, 53(21): 4727-4736.

[41] Mao J, Gur R H, Yan L T. Simulation and analysis of cellular internalization pathways and membrane perturbation for graphene nanosheets. Biomaterials, 2014, 35(23): 6069-6077.

[42] Zhang X H, Jiang Y, Miao B, et al. The study of the structure factor of a wormlike chain in an orientational external field. J. Chem. Phys., 2015, 142(15): 154901.

[43] Leibler L. Theory of microphase separation in block copolymers. Macromolecules, 1980, 13(6): 1602-1617.

[44] Benoit H, Hadziioannou G. Scattering theory and properties of block copolymers with various architectures in the homogeneous bulk state. Macromolecules, 1988, 21(5): 1449-1464.

[45] Zhang X H, Chen Y L, Qu L J, et al. Effects of attractive colloids on the phase separation behaviors of binary polymer blends. J. Chem. Phys., 2013, 139(7): 074902.

[46] Semenov A N, Anastasiadis S H, Boudenne N, et al. Dynamic structure factor of diblock copolymers in the ordering regime. Macromolecules, 1997, 30(80): 6280-6294.

[47] Borsali R, Lecommandoux S, Pecora R, et al. Scattering properties of rod-coil and once-broken rod block copolymers. Macromolecules, 2001, 34(12): 4229-4234.

[48] Matsen M W. Melts of semiflexible diblock copolymer. J. Chem. Phys., 1996, 104(19): 7758-7764.

[49] Jiang Y, Zhang W Y, Chen J Z Y. Dependence of the disorder-lamellar stability boundary of a melt of asymmetric wormlike AB diblock copolymers on the chain rigidity. Phys. Rev. E, 2011, 84(4 Pt 1): 041803.

[50] Friedel P, John A, Pospiech D, et al. Modelling of the phase separation behaviour of semiflexible diblock copolymers. Macromol. Theory Simul., 2002, 11(7): 785-793.

[51] Flory P J. Principles of Polymer Chemistry. New York: Cornell University Press , 1953.

[52] Shi A C, Noolandi J, Desai R D. Theory of anisotropic fluctuations in ordered block copolymer phases. Macromolecules, 1996, 29(20): 6487-6504.

[53] Jiang Y, Zhang W Y, Chen J Z Y. Dependence of the disorder-lamellar stability boundary of a melt of asymmetric wormlike AB diblock copolymers on the chain rigidity. Phys. Rev. E, 2011, 84(4 Pt 1): 041803.

[54] Tang J, Jiang Y, Zhang X, et al. Phase diagram of rod-coil diblock copolymer melts. Macromolecules, 2015, 48(24): 9060-9070.

第 7 章　高分子物理与临界现象

20 世纪 70 年代，法国物理学家 de Gennes 发现了高分子链统计和临界现象理论之间存在深刻的联系：$n=0$ 的 n-矢量自旋统计模型的临界行为等价于格子上的自回避行走，即具有排除体积效应的高分子单链统计问题 [1]。这一深刻洞察促成了临界现象理论 [2−4] 在高分子统计物理中的广泛应用 [5−8]，极大地促进了现代高分子物理理论的发展。本章将简述这种联系，下面的阐述借鉴了 de Gennes 在 *Scaling Concepts in Polymer Physics* 一书中所采用的方法 [7]。

7.1　临界现象理论简述

临界现象指一个统计力学体系在连续相变临界点邻域所表现出的现象，热力学函数，如自由能、磁化率、比热等，在临界点附近表现出非解析的发散行为，体现为一系列描述该发散的临界指数 [4]。临界点处热力学函数发散的背后根源是体系不均匀区域的特征尺寸，即关联长度的发散。由于关联长度是体系热力学性质唯一重要的特征长度，因此关联长度的发散使体系的微观尺度 (相互作用力程、单元尺寸等) 对热力学性质不再重要，体系表现出普适性，体现为一组独立于格子和相互作用的临界指数。与不同热力学函数所联系的临界指数可以通过相应的实验测得，进而发现，只有两个临界指数为独立变量。下面以一个磁性体系的临界现象为例做介绍。

考虑一个置于简立方格子上的自旋体系，共有 Q 个格点，一个格点上放置一个自旋 $\boldsymbol{S}$, 因此该体系的基本自由度为 $\{\boldsymbol{S}_i\}$，其中下标 i 标记格点位置。定义自旋矢量有 n 个分量，即 $\boldsymbol{S}_i=\{S_{i,\alpha}\},\alpha=1,2,\cdots,n$。规定自旋的大小固定：$\sum\limits_{\alpha=1}^{n}S_{i\alpha}^2=n$。体系的哈密顿量为 $H=-\sum\limits_{i>j}K_{ij}\boldsymbol{S}_i\cdot\boldsymbol{S}_j$。这里，仅考虑近邻自旋耦合，耦合常数 $K_{ij}>0$, 因此自旋倾向于平行排列。给定物理量 $G(\{S_{i\alpha}\})$ 的平均值计算如下：

$$\langle G(\{S_{i\alpha}\})\rangle=\frac{\mathrm{Tr}e^{-H(\{S_{i\alpha}\})/\tau}G(\{S_{i\alpha}\})}{\mathrm{Tr}e^{-H(\{S_{i\alpha}\})/\tau}}=\frac{\mathrm{Tr}e^{-H(\{S_{i\alpha}\})/\tau}G(\{S_{i\alpha}\})}{Z}\tag{7.1}$$

这里取玻尔兹曼常量 $k_{\rm B}$ 为 1，τ 为温度。$\text{Tr} = \sum_{\{S_{i\alpha}\}} \prod_i \delta\left(\sum_{\alpha=1}^{n} S_{i\alpha}^2 - n\right)$ 代表对体系自由度 (在固定自旋长度的约束下) 求和。配分函数 $Z = \text{Tr}e^{-H(\{S_{i\alpha}\})/\tau}$。体系的序参量由自旋平均值 (即磁矩) 定义为 $\boldsymbol{M} = \dfrac{1}{Q}\sum_{i=1}^{Q}\langle \mathbf{S}_i \rangle$。

实验发现，在临界温度 (居里温度) $\tau_{\rm c}$ 之上，体系处于对称的顺磁相，序参量 $\boldsymbol{M} = 0$。在临界温度以下，体系对称破缺，处于铁磁相，序参量获得有限大小的值 M_0。在临界点，体系经历连续相变。定义约化温度 $\varepsilon = (\tau - \tau_{\rm c})/\tau_{\rm c}$。经历连续相变，序参量由零以幂函数的形式连续增加，即 $M_0 \cong |\varepsilon|^{\beta}$，这里，$\beta$ 是不依赖于微观细节的普适临界指数。在略高于临界温度时，体系序参量虽然为零，但是特征尺度为 ξ 的局域出现自旋涨落，即不均匀区域，我们称特征尺度 ξ 为自旋涨落的关联长度。在临界点上，即 $\varepsilon = 0$ 处，关联长度发散，当临界点上下趋于临界点时，关联长度均表现出标度律 $\xi \cong a|\varepsilon|^{-\nu}$。这里，$a$ 是体系的微观尺寸，ν 是临界指数。另外几个临界指数由以下几个热力学量在 $\varepsilon \to 0$ 时的发散行为给出：① 磁化率，$\chi \cong \chi_0|\varepsilon|^{-\gamma}$，临界指数 γ；② 比热，$C \cong C_0|\varepsilon|^{-\alpha}$，临界指数 α。另有一临界指数 η 由关联函数在临界点的行为给出，在下文将述及。

众多临界指数并非完全独立，而是存在一定的关系，事实上，仅有两个独立的临界指数。这里给出两个关系律：① Widom 关系：$\gamma + 2\beta + \alpha = 2$；② Kadanoff 关系：$\alpha = 2 - \nu d$，这里，$d$ 是空间维数。

两个关系律的简单推导如下。

1) Widom 关系

考虑体系的自由能函数：$F = F_0 + \varGamma(M) - Mh$，这里 F_0 是解析函数；$\varGamma(M)$ 是热力学势，其极小值给出序参量：当 $\varepsilon > 0$ 时，最小值为 $M = 0$；当 $\varepsilon < 0$ 时，最小值为 $M \cong |\varepsilon|^{-\beta}$；$h$ 是外磁场；后两项定义了勒让德变换。我们猜测热力学势有如下函数形式：$\varGamma(M) = \varepsilon^{2-\alpha} f_{\varGamma}(M/|\varepsilon|^{\beta})$。该猜测基于两点考虑：① 当 $\varepsilon > 0$ 时，序参量 $M = 0$，平衡热力学势 $\varGamma(0) = \varepsilon^{2-\alpha} f_{\varGamma}(0) \cong \varepsilon^{2-\alpha}$，对约化温度 ε 的两次导数可以给出正确的比热标度关系 $C \cong \varepsilon^{-\alpha}$；② 当 $\varepsilon < 0$ 时，标度函数 $f_{\varGamma}(M/|\varepsilon|^{\beta})$，其中变量为约化量 $M/M_0 = M/|\varepsilon|^{\beta}$，可以给出正确的序参量标度关系 $M = M_0 \cong |\varepsilon|^{\beta}$。

取 $\varepsilon > 0$，并施加微小外磁场 h，体系将发展出微小磁矩，因此可将自由能在 $M = 0$ 处展开。注意到对称性，要求标度函数 $f_{\varGamma}(x)$ 为偶函数，最低项为二次项，即 $f_{\varGamma}(x) \cong$ 常数 $\times\, x^2$，这里 $x = M/\varepsilon^{\beta}$。因此有自由能：$F \cong F_0 +$ 常数 $\times\, x^2 - Mh$。将自由能对 M 取导数得到状态方程：$2 \times \text{const} \times \varepsilon^{2-\alpha-2\beta} M = h$。因此可得磁化率 $\chi = M/h \cong \varepsilon^{\alpha+2\beta-2}$。对比前述 $\chi \cong \varepsilon^{-\gamma}$，得到 Widom 关系：

$\gamma+2\beta+\alpha=2$。

2) Kadanoff 关系

我们通过对热力学势的链滴理论分析得到 Kadanoff 关系。

在临界点之上的邻域，体系关联长度较大，定义链滴尺寸为关联长度 ξ，在链滴内，体系关联；在链滴外，体系不关联。利用该图像，体系的自由能密度可以简单计算如下：因为热力学势为广延量，所以正比于体系所包含链滴的个数，即正比于 $1/\xi^d \cong \varepsilon^{\nu d}$。对上述热力学势的结果 $\Gamma(M=0)\cong\varepsilon^{2-\alpha}$，可得 Kadanoff 关系：$\alpha=2-\nu d$。

下边讨论该统计模型的统计力学处理，仅考虑无外加磁场情形。

由于自旋长度固定，自由度只涉及角度积分，因此可以建立如下联系。考虑配分函数

$$Z=\mathrm{Tre}^{-H/\tau}=\int\prod_i\{\mathrm{d}\boldsymbol{S}_i\delta[|\boldsymbol{S}_i|^2-n]\}\mathrm{e}^{-H/\tau}=\Omega\langle\mathrm{e}^{-H/\tau}\rangle_0 \tag{7.2}$$

这里定义了角度平均:

$$\langle\mathrm{e}^{-H/\tau}\rangle_0=\frac{\displaystyle\int\prod_i\{\mathrm{d}\boldsymbol{S}_i\delta[|\boldsymbol{S}_i|^2-n]\}\mathrm{e}^{-H/\tau}}{\displaystyle\int\prod_i\{\mathrm{d}\boldsymbol{S}_i\delta[|\boldsymbol{S}_i|^2-n]\}}=\frac{\displaystyle\int\prod_i\{\mathrm{d}\boldsymbol{S}_i\delta[|\boldsymbol{S}_i|^2-n]\}\mathrm{e}^{-H/\tau}}{\Omega} \tag{7.3}$$

其中，Ω 是角度自由度的积分。

物理量平均值计算如下

$$\langle G\rangle=\frac{\displaystyle\int\prod_i\{\mathrm{d}\boldsymbol{S}_i\delta[|\boldsymbol{S}_i|^2-n]\}\mathrm{e}^{-H/\tau}G}{\displaystyle\int\prod_i\{\mathrm{d}\boldsymbol{S}_i\delta[|\boldsymbol{S}_i|^2-n]\}\mathrm{e}^{-H/\tau}}=\frac{\langle\mathrm{e}^{-H/\tau}G\rangle_0}{\langle\mathrm{e}^{-H/\tau}\rangle_0} \tag{7.4}$$

下边我们试图求解该统计模型。受自旋长度固定的限制，即模型中的狄拉克函数使该模型为非线性模型，一般情形下无法严格积分。我们可以采用微扰论，将模型以耦合常数为小参数做微扰展开，逐级计算。代入哈密顿量形式，展开得到

$$\begin{aligned}\frac{Z}{\Omega}&=\left\langle\mathrm{e}^{\sum\limits_{i>j}K_{ij}\boldsymbol{S}_i\cdot\boldsymbol{S}_j/\tau}\right\rangle_0\\&=\left\langle1+\sum_{i>j}\left(\frac{K_{ij}}{\tau}\right)\boldsymbol{S}_i\cdot\boldsymbol{S}_j+\frac{1}{2!}\left[\sum_{i>j}\left(\frac{K_{ij}}{\tau}\right)\boldsymbol{S}_i\cdot\boldsymbol{S}_j\right]^2+\cdots\right\rangle_0\end{aligned} \tag{7.5}$$

对于一般的 n-矢量模型，微扰展开需要逐级计算费曼图，得不到一个简单的解。然而，存在一种特殊情形，即 $n=0$ 极限，此时由于单格点上的关联函数只有二次项非零，所以高次项均消失，因此 $n=0$ 模型具有简单解。而且我们看到，该极限对应于格子上的自回避行走问题，即高分子单链统计问题。注意，在模型定义中 n 应为正整数，此处 $n=0$ 做了解析延拓 [8]。

考虑一个格点 i，计算角度关联函数 $\langle S_{i\alpha}\rangle_0, \langle S_{i\alpha}S_{i\beta}\rangle_0, \langle S_{i\alpha}S_{i\beta}S_{i\gamma}\rangle_0, \cdots$。按照统计力学常用做法，引入生成函数或者特征函数：$f(\boldsymbol{p}) = \langle \mathrm{e}^{\mathrm{i}\boldsymbol{p}\cdot\boldsymbol{S}}\rangle_0$，这里 $\boldsymbol{p}$ 是 $\boldsymbol{S}$ 的共轭变量，为了方便记号，忽略了格点角标 i。显然，由 $f(\boldsymbol{p}) = \sum\limits_{m=0} i^m(p_{\alpha_1}\cdots p_{\alpha_m}/m!)\langle S_{\alpha_1}\cdots S_{\alpha_m}\rangle_0$ 知，所求算的角度关联函数可由生成函数 $f(\boldsymbol{p})$ 对共轭变量 $\boldsymbol{p}$ 的各级导数在 $\boldsymbol{p}=0$ 处之取值得到。这里在公式中采用了重复指标自动求和的爱因斯坦约定。

一般而言，考虑任一解析函数 $G(\boldsymbol{S})$，由

$$\langle G(\boldsymbol{S})\rangle_0 = \sum_{m=0} \frac{G^{(m)}(0)}{m!}\langle S_{\alpha 1}\cdots S_{\alpha m}\rangle_0 = \sum_{m=0} \frac{G^{(m)}(0)}{m!}\left.\frac{\partial^m f(\boldsymbol{p})}{i^m \partial p_{\alpha 1}\cdots \partial p_{\alpha m}}\right|_{\boldsymbol{p}=0} \tag{7.6}$$

可从生成函数计算其角度平均值。这里，$G^{(m)}(0) = [\partial^m G(\boldsymbol{S})/\partial S_{\alpha\mathbf{1}}\cdots \partial S_{\alpha m}]_{\boldsymbol{S}=0}$。

下面计算生成函数。我们试图构造一个 $f(\boldsymbol{p})$ 所满足的微分方程。考虑二次导数。易知，$\partial f(\boldsymbol{p})/\partial \boldsymbol{p}^2 = -\langle S^2 \mathrm{e}^{\mathrm{i}\boldsymbol{p}\cdot\boldsymbol{S}}\rangle_0 = -nf(\boldsymbol{p})$，故有方程 $\left(\partial_{\boldsymbol{p}}^2 + n\right) f(\boldsymbol{p}) = 0$，其中 $\partial_{\boldsymbol{p}}^2 = \partial^2/\partial \boldsymbol{p}^2$。由于经过角度平均后 $f(\boldsymbol{p})$ 仅依赖于 $p=|\boldsymbol{p}|$，故此处仅需取该算符的径向部分，即取 $\partial^2/\partial \boldsymbol{p}^2 = \partial^2/\partial p^2 + [(n-1)/\partial p]\partial/\partial p$。最后得到二阶微分方程

$$\frac{\partial^2 f}{\partial p^2} + \frac{(n-1)}{p}\frac{\partial f}{\partial p} + nf = 0 \tag{7.7}$$

由 $f(p)$ 的定义易知，方程在 $p=0$ 处的边界条件 $f(p=0)=1$，$\partial_p f(p=0)=0$。

方程对于任何的 n 值成立。故可将 n 由正整数做解析延拓，讨论 $n=0$ 的情形。此时，方程简化为 $\partial^2 f \partial p^2 - (1/p)\partial f/\partial p = 0$。结合边界条件，可以得到方程的解为 $f(p) = 1-(1/2)\,p^2$。由此可知，由于生成函数没有高于二次的项，因此一个格点上的关联函数仅有二次项非零，所有高次项均消失，并且二次项满足 $\langle S_\alpha S_\beta\rangle_0 = \delta_{\alpha\beta}\langle S_\alpha^2\rangle_0 = \delta_{\alpha\beta}$，此处利用了归一化条件 $\sum\limits_\alpha S_\alpha^2 = n$。

7.2　与自回避链问题的联系

由 $n=0$ 自旋模型单格点关联函数性质可知，一个格点上必须有两个自旋，并且具有相同的分量；相邻格点间由连线连接，每一条线对应一个耦合常数 K；

显然，连线不可自交，否则交点处将出现四个自旋，由单格点关联函数性质可知此项为零。因此看出，$n=0$ 矢量模型等价于一个在格点上的自回避行走问题，即具有排除体积效应的高分子单链统计问题。

下边对 $n=0$ 模型做具体计算。

配分函数如下：

$$
\begin{aligned}
\frac{Z}{\Omega} &= \left\langle \exp\left[\sum_{i>j}(K_{ij}/\tau)\boldsymbol{S}_i\cdot\boldsymbol{S}_j\right]\right\rangle_0 \\
&= \left\langle 1+\sum_{i>j}(K_{ij}/\tau)\boldsymbol{S}_i\cdot\boldsymbol{S}_j+\frac{1}{2!}\left[\sum_{i>j}(K_{ij}/\tau)\boldsymbol{S}_i\cdot\boldsymbol{S}_j\right]^2+\cdots\right\rangle_0 \\
&= 1+\frac{1}{2!}\sum_{i>j}\sum_{k>l}(K_{ij}/\tau)(K_{kl}/\tau)\sum_{\alpha}\sum_{\beta}\langle S_{i\alpha}S_{j\alpha}S_{k\beta}S_{l\beta}\rangle_0 \\
&\cong 1+\sum_{i>j}(K_{ij}/\tau)^2\sum_{\alpha}\sum_{\beta}\langle S_{i\alpha}S_{i\beta}\rangle_0 S_{j\beta}S_{j\alpha}\rangle_0 \\
&\cong 1+\sum_{i>j}(K_{ij}/\tau)^2\sum_{\alpha}\sum_{\beta}\delta_{\alpha\beta}\delta_{\alpha\beta} \\
&\cong 1+n\left[\sum_{i>j}(K_{ij}/\tau)^2\right]\overset{n=0}{=}1
\end{aligned}
\tag{7.8}
$$

其中用到了单格点关联的性质。在微扰展开中的高阶项均为零而不需要考虑。实际上，由于每一个格点必须要有两个自旋，因此对于配分函数只有格子上的圈图才有贡献，且由于在格点上需要对分量求和，所以正比于 n，当 $n=0$ 时，只有零次展开项保留，即有 $Z/\Omega=1$。

关联函数的计算与配分函数类似，区别是由于有两个外部自旋，即源项，因此不再是圈图贡献，而是连接两个源项之间的所有自回避路径。而且由于自旋分量已经由源项固定而无须求和，所以这些贡献不会随 $n=0$ 而消失。具体可得

$$
\langle S_{i\alpha}S_{j\alpha}\rangle=\sum_N W_N(i,j)(K/\tau)^N \tag{7.9}
$$

这里，$W_N(i,j)$ 是连接两个源格点 i 和 j 的所有 N 步自回避行走数目。该式是临界现象和高分子物理之间联系的基本关系式。

下面计算自旋体系的磁化率，并将高分子物理中对于自回避行走数目的标度假设代入计算，证明与临界现象理论的自洽性。

由线性响应定理可知，磁化率 $\chi=\dfrac{1}{n\tau}\sum\limits_j\langle\boldsymbol{S}_i\cdot\boldsymbol{S}_j\rangle$。取一分量，代入基本关

系式，得到

$$\begin{aligned}\chi &= \frac{1}{\tau}\sum_{j}\langle S_{i\alpha}S_{j\alpha}\rangle = \frac{1}{\tau}\sum_{j}\sum_{N}W_N(i,j)(K/\tau)^N \\ &= \frac{1}{\tau}\sum_{N}W_{N,\mathrm{total}}(K/\tau)^N\end{aligned} \tag{7.10}$$

在高分子物理中，假设 $W_{N,\mathrm{total}} \cong \bar{z}^N N^{\gamma-1}$，这里，$\bar{z}$ 略小于格点配位数，$N^{\gamma-1}$ 是增强因子。代入得

$$\chi \cong \frac{1}{\tau}\sum_{N}N^{\gamma-1}(K\bar{z}/\tau)^N \tag{7.11}$$

该级数当 $K\bar{z}/\tau < 1$ 时收敛，当 $K\bar{z}/\tau = 1$ 时发散，由此定义了模型的临界点为 $\tau_{\mathrm{c}} = K\bar{z}$。考虑临界点之上的邻域，即 $\tau/\tau_{\mathrm{c}} = 1+\varepsilon$，可知此时有 $K\bar{z}/\tau \cong \mathrm{e}^{-\varepsilon}$。于是得到

$$\chi \cong \frac{1}{\tau_{\mathrm{c}}}\sum_{N}N^{\gamma-1}\mathrm{e}^{-\varepsilon N} \cong \frac{1}{\tau_{\mathrm{c}}}\int_0^{\infty}\mathrm{d}N N^{\gamma-1}\mathrm{e}^{-\varepsilon N} = \frac{1}{\tau_{\mathrm{c}}}\varepsilon^{-\gamma}\Gamma(\gamma) \cong \varepsilon^{-\gamma} \tag{7.12}$$

这样，根据高分子物理的标度假设可以得到临界现象中磁化率的正确临界指数。

由确定的临界点 $\tau_{\mathrm{c}} = K\bar{z}$，可将 $\tau/\tau_{\mathrm{c}} = 1+\varepsilon$ 处关联函数写成

$$\langle S_{i\alpha}S_{j\alpha}\rangle = \sum_{N}\bar{z}^{-N}W_N(i,j)\mathrm{e}^{-\varepsilon N} = \int_0^{\infty}\mathrm{d}N\bar{z}^{-N}W_N(i,j)\mathrm{e}^{-\varepsilon N} \tag{7.13}$$

因此，$n=0$ 自旋模型的关联函数 $\langle S_{i\alpha}S_{j\alpha}\rangle$ 和 $\bar{z}^{-N}W_N(i,j)$ 之间互为拉普拉斯变换；自旋模型的约化温度 ε 和自回避问题的步数 (高分子链长) N 是一对共轭变量，即 $\varepsilon \cong N^{-1}$，临界点对应于链长无穷。

自旋体系的临界现象和自回避行走之间的性质一一对应，我们做如下讨论。

1) 关联长度

自旋模型临界现象的关联长度标度关系为 $\xi \cong \varepsilon^{-\nu}$，在高分子物理中对应的特征长度是均方根末端距，即 $R_0 \cong N^{\nu}$。在空间维度 $d>4$ 时，临界现象和高分子物理均有 $\nu = 1/2$，临界现象关联长度 $\xi \cong \varepsilon^{-1/2}$ 对应平均场结果，高分子统计末端距 $R_0 \cong N^{1/2}$ 对应理想链或高斯链结果，因此可以看出平均场理论和自由无规行走之间具有深刻联系，四维空间以上，在临界现象中，由于涨落效应减弱，因而可以用平均场理论描述，而在高分子统计中，由于自回避效应或者排除体积效应可以由多余维度避免，因而可以用自由无规行走描述。

2) 关联函数

关联函数具有标度形式 $\langle S_{i\alpha}S_{j\alpha}\rangle = \left(1/r^{d-2+\eta}\right)f_C(r/\xi)$。这里 η 是另一个临界指数，$r = |\boldsymbol{r}_i - \boldsymbol{r}_j|$ 是两格点间距，近邻格点间距为 a。下边分析标度函数

$f_C(x)$ 的形式，这里定义 $x = r/\xi$。在临界点处有 $\xi = \infty$，$x = 0$，关联函数应以幂函数形式 $1/r^{d-2+\eta}$ 衰减，因此有极限 $f(0) = 1$；在远离临界点处，关联长度小，有 $x \gg 1$，期待关联函数应具有 Ornstein-Zernike 形式，因此要求标度函数 $f_C(x) \cong x^{\eta}\mathrm{e}^{-x}$；在临界点邻域，即小 x 处，关联函数形式可以由邻近两点 $(r = a)$ 的关联行为分析得出。邻近两点关联体现自旋体系的耦合能量。由于耦合能量对温度的一次导数给出比热，所以由比热的标度行为 $C \cong \varepsilon^{-\alpha}$，可知 $\langle S_{i\alpha}S_{i+1,\alpha}\rangle = \langle S_{i\alpha}S_{i+1,\alpha}\rangle|_{\varepsilon=0} - \mathrm{const} \times \varepsilon^{1-\alpha}$。对比关联函数的标度形式，结合 $\xi = \varepsilon^{-\nu}$，可以得出 $f_C(x) \cong 1 - x^{(1-\alpha)/\nu}$。

利用线性响应定理可得出临界指数 η 的取值。由线性响应定理可知

$$\begin{aligned}\chi &= \sum_j \langle S_{i\alpha}S_{j\alpha}\rangle = \tau^{-1}\int \mathrm{d}^d r\langle S_\alpha(0)S_\alpha(\vec{r})\rangle \\ &= \tau^{-1}\int \mathrm{d}^d r r^{-(d-2+\eta)} f_C(r/\xi) \\ &= \tau^{-1}\xi^{2-\eta}\left[\int \mathrm{d}^d x x^{-(d-2+\eta)} f_C(x)\right] \\ &\cong \varepsilon^{-\nu(2-\eta)}\end{aligned} \tag{7.14}$$

与磁化率的标度关系 $\chi \cong \varepsilon^{-\gamma}$ 对比，可知 $\gamma = \nu(2-\eta)$。临界指数 η 可由 γ 和 ν 算出。

3) 末端距分布函数

对于一个具有唯一特征长度 ξ 的体系，末端距分布函数满足标度形式

$$P(r, N) = r^{-d}\frac{W_N(i,j)}{W_{N,\mathrm{total}}} \cong \frac{1}{\xi^d} f_P\left(\frac{r}{\xi}\right) \tag{7.15}$$

这里，i 和 j 是自回避行走的起点和终点，$r = |\boldsymbol{r}_i - \boldsymbol{r}_j|$ 是末端距。对于高分子问题，关联长度 $\xi = R_0 \cong aN^{\nu}$。ξ^{-d} 是为了保证分布函数归一化 $\int \mathrm{d}^d RP(\vec{R}, N) = 1$。定义无量纲量 $x = R/\xi$。考虑两个极限：① $R \to 0$ 的情形，即 $x \ll 1$，由于排除体积效应，所以有 $P(R \to 0, N) \to 0$。采取形式：$P(x \to 0, N) \to x^g$，g 是标度指数；② $R \to \infty$ 的情形，即 $x \gg 1$，链完全伸展长度设定末端距的上限，所以有 $P(x \to \infty, N) \to 0$，且当 x 很大时，分布函数应当指数衰减。采取形式：$P(x \to \infty, N) \to \mathrm{e}^{-x^{\delta}}$，这里 δ 是另一个标度指数。实际上，该形式可以利用自旋统计和自回避行走问题的基本关系式，由关联函数 $\langle S_{i\alpha}S_{j\alpha}\rangle = r^{-(d-2+\eta)} f_C(r/\xi)$ 做逆拉普拉斯变换得到。

分别讨论两个标度指数。

(1) $x \ll 1$。

考虑自回避行走末端回到起点最近邻的情况，将起点和末端点用连线连接，即在格点上形成一个封闭的有 $N+1$ 步的圈图。这种情形自回避行走的数目：$W_N(a) \cong \bar{z}^N(a/R_0)^d \cong N^{-\nu d} = N^{\alpha-2}$。这里利用了 Kadanoff 关系：$\alpha = 2 - \nu d$。

由自旋问题和自回避行走问题的基本关系式可知，无规行走数的拉普拉斯变换是关联函数，而近邻两点关联反映自旋体系的耦合能。考虑格点耦合能 $E \cong -(z/2)K\langle S_{i\alpha}S_{i+1,\alpha}\rangle$。利用基本关系式 $\langle S_{i\alpha}S_{i+1,\alpha}\rangle = \sum\limits_N W_N(a)\mathrm{e}^{-N\varepsilon}$。代入标度假设 $W_N(a) \cong N^{\alpha-2}$，可得

$$
\begin{aligned}
E &\cong -K\sum_N \mathrm{e}^{-N\varepsilon}N^{\alpha-2} \\
&= E(\varepsilon=0) + K\sum_N (1-\mathrm{e}^{-N\varepsilon})N^{\alpha-2} \\
&\cong E(\varepsilon=0) + K\int_0^\infty \mathrm{d}N(1-\mathrm{e}^{-N\varepsilon})N^{\alpha-2} \\
&\cong E(\varepsilon=0) + K\varepsilon^{1-\alpha}\left[\int_0^\infty \mathrm{d}t(1-\mathrm{e}^{-t})t^{\alpha-2}\right] \\
&\cong E(\varepsilon=0) - \mathrm{const}\times\varepsilon^{1-\alpha}
\end{aligned} \tag{7.16}
$$

将能量对约化温度取一次导数得到比热标度 $C \cong \varepsilon^{-\alpha}$，与临界现象理论一致，因此证明自回避行走数的标度假设 $W_N(a) \cong N^{\alpha-2}$ 合理。

对于小 x，根据标度假设分布函数

$$
P(a,N) = \frac{1}{R_0^d}f_P(x) \cong \frac{1}{R_0^d}\left(\frac{a}{R_0}\right)^g = \frac{1}{R_0^d}N^{-\nu g} \tag{7.17}
$$

同时有

$$
P(a,N) = a^{-d}\frac{W_N(a)}{W_{N,\mathrm{total}}} \cong a^{-d}\frac{\bar{z}^N(a^d/R_0^d)}{\bar{z}^N N^{\gamma-1}} = \frac{1}{R_0^d}N^{1-\gamma} \tag{7.18}
$$

对比可得 $g = \gamma - 1/\nu$。

(2) $x \gg 1$。

当末端距远大于平均值时，标度函数 $f_P(x) \cong \mathrm{e}^{-x^\delta}$。在该极限下，可以利用基本关系式，由自旋关联函数的逆拉普拉斯变换得到自回避行走数，进而得到分布函数形式，可证明标度指数 $\delta = 1/(1-\nu)$。这里用另一种方法，即 Pincus 的链滴理论得出这个指数 [9]。

分布函数满足玻尔兹曼分布，所以有 $P(r,N) \cong \mathrm{e}^{-U(r)/T}$，这里 $U(r)$ 是拉伸高分子链至末端距 r 时的拉伸能量。利用链滴理论计算该拉伸能量。定义链滴尺寸 $\xi = T/F$，这里 F 是拉伸力。由 $F\xi = T$，可知在链滴内，因为 $r < \xi$，所以

$Fr < T$，即拉伸能小于热能，因此链统计不受拉伸力的影响，可以得到 $\xi \cong ag^{\nu}$。这里 g 是链滴内的单体数。在拉力 F 下，链的末端距为

$$r \cong \frac{N}{g}\xi = Na^{\nu^{-1}}\xi^{1-\nu^{-1}} = Na^{\nu^{-1}}T^{1-\nu^{-1}}F^{\nu^{-1}-1} \tag{7.19}$$

因此有能量

$$\frac{U(r)}{T} = \frac{Fr}{T} \cong N\left(\frac{Fa}{T}\right)^{\nu^{-1}} = \left(\frac{r}{N^{\nu}a}\right)^{\frac{1}{1-\nu}} = x^{\frac{1}{1-\nu}} \tag{7.20}$$

和分布函数 $P(r,N) = \mathrm{e}^{-x^{1/(1-\nu)}}$。另外，由标度函数有 $P(r,N) = \mathrm{e}^{-x^{\delta}}$。对比可得 $\delta = 1/1-\nu$。

对于理想高斯链，$\nu = 1/2$，$\gamma = 1$。因此有 $g = 0$，$\delta = 2$。分布函数为

$$P(r,N) \cong \frac{1}{(N^{1/2}a)^d}\mathrm{e}^{-\left(\frac{r}{N^{1/2}a}\right)^2} \tag{7.21}$$

即高斯分布。

7.3 自回避链场论的另一种推导

本节给出自回避行走链统计问题等价于 $n = 0$ 场论的另一种推导方法 [8]。

考虑一条具有排除体积效应的高分子链，对应于统计力学中的自回避行走模型。在粗粒化层次，链构型表为连续路径，即 $\boldsymbol{r}(s)$，$s \in [0,N]$。这里 $\boldsymbol{r}$ 和 s 分别是 d 维空间的位矢和弧长。

首先以 $\boldsymbol{r}(s)$ 为场变量建立场论，其传播子可写成

$$K(0,\boldsymbol{r}_0;N,\boldsymbol{r}) = \int_{\boldsymbol{r}(0)=\boldsymbol{r}_0}^{\boldsymbol{r}(N)=\boldsymbol{r}} \left[\mathcal{D}\boldsymbol{r}(s)\,\mathrm{e}^{-(1/2)\int \mathrm{d}s(\partial_s \boldsymbol{r})^2}\right]\mathrm{e}^{-V[\boldsymbol{r}(s)]} \tag{7.22}$$

其中，$[\cdot]$ 为维纳测度 (Wiener measure)。若近似相互作用为两体，即 $V = (1/2)\iint \mathrm{d}s_1\mathrm{d}s_2 U[\boldsymbol{r}(s_1),\boldsymbol{r}(s_2)]$，则可将链的相互作用通过引入随机外场消去

$$\mathrm{e}^{-V} = \mathcal{N}\int \mathcal{D}\psi \mathrm{e}^{-(1/2)\int \mathrm{d}\boldsymbol{r}_1\mathrm{d}\boldsymbol{r}_2\psi(\boldsymbol{r}_1)U^{-1}(\boldsymbol{r}_1,\boldsymbol{r}_2)\psi(\boldsymbol{r}_2)-\mathrm{i}\mathrm{d}s\psi(\boldsymbol{r}(s))} \tag{7.23}$$

此式即高斯积分，又称 Hubbard-Stratonovich 变换。显然，高斯随机场 ψ 满足

$$\langle\psi\rangle = 0, \quad \langle\psi\psi\rangle = U \tag{7.24}$$

将式 (7.23) 代入式 (7.22)，有

$$K(0,\boldsymbol{r}_0;N,\boldsymbol{r}) = \langle K_0(0,\boldsymbol{r}_0;N,\boldsymbol{r};\psi)\rangle_{\psi} \tag{7.25}$$

这里传播子 K_0 的定义是显然的。由于 K_0 对应于一个随机外场中的自由扩散，因而满足扩散方程：$\partial_N K_0 = \left[\nabla^2 - \mathrm{i}\psi\left(\boldsymbol{r}\right)\right] K_0$。现在将方程两边对于变量 N 作拉普拉斯变换，并利用初始条件: $K_0\left(0, \boldsymbol{r}_0; N, \boldsymbol{r}; \psi\right) = \delta\left(\boldsymbol{r} - \boldsymbol{r}_0\right)$，得到

$$\left[p - \nabla^2 + \mathrm{i}\psi\left(\boldsymbol{r}\right)\right] \widetilde{K}_0\left(p, \boldsymbol{r}, \boldsymbol{r}_0; \psi\right) = \delta\left(\boldsymbol{r} - \boldsymbol{r}_0\right) \tag{7.26}$$

则有

$$\widetilde{K}_0\left(p, \boldsymbol{r}, \boldsymbol{r}'; \psi\right) = \frac{1}{Z} \int \mathcal{D}\phi \phi\left(\boldsymbol{r}\right) \phi\left(\boldsymbol{r}'\right) \mathrm{e}^{-(1/2)\int \mathrm{d}\boldsymbol{r} \phi(\boldsymbol{r})\left[p - \nabla^2 + \mathrm{i}\psi(\boldsymbol{r})\right]\phi(\boldsymbol{r})} \tag{7.27}$$

由于处理 $1/Z$ 的难度，现在采用常用的一种技巧：$Z^{-1} = \lim\limits_{n \to 0} Z^{n-1}$。这样就可以将式 (7.27) 写成

$$\widetilde{K}_0\left(p, \boldsymbol{r}, \boldsymbol{r}'; \psi\right) = \lim_{n \to 0} \int \mathcal{D}\vec{\phi} \phi_1(\boldsymbol{r}) \phi_1\left(\boldsymbol{r}'\right) \mathrm{e}^{-(1/2)\int \mathrm{d}\boldsymbol{r} \vec{\phi}(\boldsymbol{r}) \cdot \left[p - \nabla^2 + \mathrm{i}\psi(\boldsymbol{r})\right] \vec{\phi}(\boldsymbol{r})} \tag{7.28}$$

这里，n 阶矢量场 $\vec{\phi} = (\phi_1, \cdots, \phi_n)$。将式 (7.28) 代入式 (7.25)，完成关于随机场 ψ 的高斯积分，得到

$$K\left(p, \boldsymbol{r}, \boldsymbol{r}'\right) = \lim_{n \to 0} \int \mathcal{D}\vec{\phi} \phi_1(\boldsymbol{r}) \phi_1(\boldsymbol{r})' \mathrm{e}^{-\mathcal{H}[\vec{\phi}]} \tag{7.29}$$

有效哈密顿量

$$\mathcal{H}[\vec{\phi}] = \frac{1}{2}\left[\int \mathrm{d}\boldsymbol{r} [\vec{\phi}](\boldsymbol{r}) \cdot (p - \nabla^2) \vec{\phi}(\boldsymbol{r}) + \iint \mathrm{d}\boldsymbol{r} \mathrm{d}\boldsymbol{r}' (\vec{\phi}(\boldsymbol{r})^2) U(\boldsymbol{r}, \boldsymbol{r}') (\boldsymbol{r}')^2\right] \tag{7.30}$$

如果假定相互作用局域，即 $U(\boldsymbol{r}, \boldsymbol{r}') = \lambda\delta(\boldsymbol{r} - \boldsymbol{r}')$，则式 (7.30) 可写成

$$\mathcal{H}\left[\vec{\phi}\right] = \frac{1}{2} \int \mathrm{d}\boldsymbol{r} [p\vec{\phi}(\boldsymbol{r})^2 + (\nabla\vec{\phi}(\boldsymbol{r}))^2 + \lambda(\vec{\phi}(\boldsymbol{r})^2)^2] \tag{7.31}$$

这就是 n-矢量场 $\vec{\phi}$ 的朗道-金兹堡-威尔逊 (Landau-Ginzburg-Wilson) 哈密顿量。因此，高分子链自回避行走问题等价于 $n = 0$ 的朗道-金兹堡-威尔逊场论。由推导过程可见，在高分子问题中模型参数有效温度 p 和相互作用耦合常数 λ 分别对应链长的倒数 $1/N$ 和排除体积参数。平均场相变点 $p = 0$ 对应于无穷长链。

参 考 文 献

[1] de Gennes P G. Exponents for the excluded volume problem as derived by the Wilson method. Phys. Lett. A, 1972, 38(5): 339-340.

[2] Wilson K G, Fisher M E. Critical exponents in 3.99 dimensions. Phys. Rev. Lett., 1972, 28(4): 240-243.

[3] Wilson K G. The renormalization group: critical phenomena and the Kondo problem. Rev. Mod. Phys., 1975, 47(4): 773-840.
[4] Binney J J, Dowrick N J, Fisher A J, et al. The Theory of Critical Phenomena: an Introduction to the Renormalization Group. New York: Oxford University Press, 1992.
[5] Cardy J. Scaling and Renormalization in Statistical Physics. Cambridge: Cambridge University Press, 1996.
[6] des Cloizeaux J, Jannink G. Polymers in Solution: Their Modelling and Structure. New York: Oxford University Press, 1987.
[7] de Gennes P G. Scaling Concepts in Polymer Physics. New York: Cornell University Press, 1979.
[8] Vilgis T A. Polymer theory: path integrals and scaling. Phys. Rep., 2000, 336(3): 167-254.
[9] Pincus P. Excluded volume effects and stretched polymer chains. Macromolecules, 1976, 9(3): 386-388.

第 8 章　高分子统计场论简介

第 7 章介绍了高分子单链自回避行走问题的临界场论表述，本章则对高分子多链体系的统计场论方法进行介绍。首先在朗道理论的框架下，系统地给出多链体系高分子场论模型的推导过程。构造了场论模型后，对这个模型进行微扰展开，并在处理过程中，依次引入平均场近似和高斯涨落近似。对于非微扰场论，采用基于 Feynman-Hellmann 定理的高斯变分法对高分子物理中的自洽单圈图理论进行简单推导。最后，简单地介绍这些理论方法的应用。

8.1　引　　言

高分子物理是统计物理以及软凝聚态物理的重要分支 [1]。如第 7 章所述，高分子物理在高分子链长趋于无穷时，表现出不依赖微观相互作用和结构的普适性，因此在过去几十年中，高分子物理理论与临界现象理论以及量子多体理论等相结合取得了重大进展 [2−6]。基于普适性，可以在粗粒化水平上构造基于连续场自由度的统计场论模型 [7−9]。在场论的框架下 [4−6]，能够很好地理解高分子体系的相行为，例如，二嵌段共聚物熔体相图的构建就是高分子平均场理论的一个成功应用 [10,11]。

首先引入一个描述高分子链统计的有效哈密顿量，即朗道自由能，然后在朗道理论的框架内推导出高分子的统计场论模型。由于哈密顿泛函的复杂性，除了极少数情形，难以对模型精确求解，因此对这个模型进行了微扰分析。零级项和二次项分别对应于平均场论和高斯场论。在费曼图的框架下，分别对应于树图近似和单圈图近似。之后基于变分法推导了超越微扰场论的单圈图重整化场论。

8.2　高分子场论模型推导

考虑 n 条在体积 V 内运动的高分子链。基于普适性，在粗粒化水平上将每条高分子链描述为一个围线长度为 Nl 的光滑空间曲线，其中 N 是聚合度，l 是统计链段长度。注意，这里的 l 即粗粒化场论的截止长度，当长度小于 l 时高分子细节不在该理论讨论范围内。基于此描述，对应不同高分子构型的哈密顿量可以写成如下形式 [5]

$$\beta H\left[\{\boldsymbol{R}_i(s)\}\right] = \beta H_0\left[\boldsymbol{R}_i\{(s)\}\right] + \beta U\left[\boldsymbol{R}_i\{(s)\}\right] \tag{8.1}$$

其中 $\beta = 1/k_{\mathrm{B}}T$，$k_{\mathrm{B}}$ 是玻尔兹曼常量，T 是热力学温度。$\boldsymbol{R}_i(s)$ 描述高分子链的构型，具体而言，它代表了第 i 条分子链中第 s 个单体的空间位置，其中 $s \in [0, Nl]$，$i = 1, 2, \cdots, n$。

第一项 $H_0[\{\boldsymbol{R}_i(s)\}]$ 描述高分子链的连接能，该能量与形成给定构型分子链所需能耗相关。在高分子链模型中，具有不同的计算表达式，例如，在柔性分子链中

$$H_0\left[\boldsymbol{R}_i(s)\right] = \frac{3k_{\mathrm{B}}T}{2l}\int_0^{Nl} \mathrm{d}s \left(\frac{\partial \boldsymbol{R}_i}{\partial s}\right)^2$$

在半柔性分子链中，

$$H_0\left[\boldsymbol{R}_i(s)\right] = \frac{l_{\mathrm{p}}k_{\mathrm{B}}T}{2}\int_0^{Nl} \mathrm{d}s \left(\frac{\partial^2 \boldsymbol{R}_i}{\partial s^2}\right)^2$$

这里 l_{p} 是高分子物理中的持久长度，表征高分子链切向矢量的相关性。第二项表示高分子链内和链间单体之间的相互作用能，需要指出，为研究高分子体系的某一特定效应，引发该效应的相互作用能由此项进入理论处理。

配分函数如下

$$Z = \mathrm{Tr}\mathrm{e}^{-\beta H} = \int \left\{\prod_{i=1}^{n} D\boldsymbol{R}_i(s)\right\} \mathrm{e}^{-\beta H[\{\boldsymbol{R}_i(s)\}]} \tag{8.2}$$

沿朗道理论的思路，我们定义一个粗粒化光滑场 $\phi(\boldsymbol{r})$，描述一个在 $\boldsymbol{r}$ 空间连续光滑的分布。给定 $\phi(\boldsymbol{r})$ 下，有

$$\begin{aligned}\mathrm{e}^{-\beta L[\phi(\boldsymbol{r})]} &= \mathrm{Tr}'\mathrm{e}^{-\beta H} \\ &= \int \left\{\prod_{i=1}^{n} D\boldsymbol{R}_i(s)\right\} \mathrm{e}^{-\beta H[\{\boldsymbol{R}_i(s)\}]}\delta[\phi(\boldsymbol{r}) - \hat{\phi}(\boldsymbol{r}, \{\boldsymbol{R}_i(s)\})]\end{aligned} \tag{8.3}$$

注意，其中 Tr' 是对在狄拉克 δ 函数限制下的自由度进行部分求和，即对那些与给定 $\phi(\boldsymbol{r})$ 一致的空间构型进行求和。其中的密度算符 $\hat{\phi}(\boldsymbol{r}, \{\boldsymbol{R}_i(s)\})$ 是一个构型 $\{\boldsymbol{R}_i(s)\}$ 的泛函。

在上式中，我们引入了朗道自由能 $L[\phi(\boldsymbol{r})]$，即有效哈密顿量。可以看出，朗道自由能并不是体系真正的热力学自由能，因为其定义中并未对所有由 $\{\boldsymbol{R}_i(s)\}$ 表征的空间构型自由度积分。为了得到体系真正的热力学自由能 F，需要对未被 $\phi(\boldsymbol{r})$ 描述出的额外自由度进行求和。换句话说，我们可以通过对所有可能的 $\phi(\boldsymbol{r})$ 积分得到真正的热力学自由能，即

$$Z = \mathrm{e}^{-\beta F} = \int D\phi(\boldsymbol{r})\mathrm{e}^{-\beta L[\phi(\boldsymbol{r})]} \tag{8.4}$$

利用 $\int D\phi(\boldsymbol{r})\delta[\phi(\boldsymbol{r})-\hat{\phi}(\boldsymbol{r},\{\boldsymbol{R}_i(s)\})]=1$，容易验证以上方程的一致性。

下面我们依次处理 $\beta H[\{\boldsymbol{R}_i(s)\}]$ 中的两项。首先考虑相互作用项 $\beta U[\{\boldsymbol{R}_i(s)\}]$。做如下演算

$$
\begin{aligned}
\mathrm{e}^{-\beta L[\phi(\boldsymbol{r})]} &= \mathrm{e}^{-\beta U[\phi(\boldsymbol{r})]}\int\left\{\prod_{i=1}^{n} D\boldsymbol{R}_i(s)\right\}\mathrm{e}^{-\beta H_0[\{\boldsymbol{R}_i(s)\}]}\delta[\phi(\boldsymbol{r})-\hat{\phi}(\boldsymbol{r},\{\boldsymbol{R}_i(s)\})] \\
&= \mathrm{e}^{-\beta U[\phi(\boldsymbol{r})]-\beta L_0[\phi(\boldsymbol{r})]}
\end{aligned} \tag{8.5}
$$

在上式第一行，由于狄拉克 δ 函数的性质，我们可以将相互作用项移至积分符号之外。在上式第二行，我们定义朗道自由能 $L_0[\varphi(\boldsymbol{r})]$ 为参考态自由能，其表达式为

$$
\mathrm{e}^{-\beta L_0[\phi(\boldsymbol{r})]} = \int\left\{\prod_{i=1}^{n} D\boldsymbol{R}_i(s)\right\}\mathrm{e}^{-\beta H_0[\{\boldsymbol{R}_i(s)\}]}\delta[\phi(\boldsymbol{r})-\hat{\phi}(\boldsymbol{r},\{\boldsymbol{R}_i(s)\})] \tag{8.6}
$$

因此，朗道自由能 $L[\phi(\boldsymbol{r})]=U[\phi(\boldsymbol{r})]+L_0[\phi(\boldsymbol{r})]$。由于 $U[\phi(\boldsymbol{r})]$ 是能量项，所以参考态自由能 $L_0[\phi(\boldsymbol{r})]=-TS[\phi(\boldsymbol{r})]$ 代表自由能中的熵项。简单演算得到

$$
S = k_{\mathrm{B}}\ln\left(\int\left\{\prod_{i=1}^{n} D\boldsymbol{R}_i(s)\right\}\mathrm{e}^{-\beta H_0[\{\boldsymbol{R}_i(s)\}]}\delta[\phi(\boldsymbol{r})-\hat{\phi}(\boldsymbol{r},\{\boldsymbol{R}_i(s)\})]\right)
$$

进一步可将熵项写成

$$
\begin{aligned}
\mathrm{e}^{-\beta L_0[\phi(\boldsymbol{r})]} &= \int\left\{\prod_{i=1}^{n} D\boldsymbol{R}_i(s)\right\}\mathrm{e}^{-\beta H_0[\{\boldsymbol{R}_i(s)\}]}\delta[\phi(\boldsymbol{r})-\hat{\phi}(\boldsymbol{r},\{\boldsymbol{R}_i(s)\})] \\
&= Q_0\left\langle\delta[\phi(\boldsymbol{r})-\hat{\phi}(\boldsymbol{r},\{\boldsymbol{R}_i(s)\})]\right\rangle_0
\end{aligned} \tag{8.7}
$$

上式中，我们定义 $Q_0=\int\left\{\prod_{i=1}^{n} D\boldsymbol{R}_i(s)\right\}\mathrm{e}^{-\beta H_0[\{\boldsymbol{R}_i(s)\}]}$ 为一个自由分子链体系的配分函数；$\langle\cdots\rangle_0=Q_0^{-1}\int\left\{\prod_{i=1}^{n} D\boldsymbol{R}_i(s)\right\}(\cdots)\mathrm{e}^{-\beta H_0[\{\boldsymbol{R}_i(s)\}]}$ 代表参考体系的平均值计算。

利用狄拉克 δ 函数的积分表达式：

$$
\begin{aligned}
\mathrm{e}^{-\beta L_0[\phi(\boldsymbol{r})]} &= Q_0\left\langle\int D\psi(\boldsymbol{r})\mathrm{e}^{\mathrm{i}\int \mathrm{d}\boldsymbol{r}\psi(\boldsymbol{r})[\phi(\boldsymbol{r})-\hat{\phi}(\boldsymbol{r})]}\right\rangle_0 \\
&= Q_0\int D\psi(\boldsymbol{r})\mathrm{e}^{\mathrm{i}\int \mathrm{d}\boldsymbol{r}\psi(\boldsymbol{r})\phi(\boldsymbol{r})}\left\langle\mathrm{e}^{-\mathrm{i}\int \mathrm{d}\boldsymbol{r}\psi(\boldsymbol{r})\hat{\phi}(\boldsymbol{r})}\right\rangle_0
\end{aligned}
$$

$$= \int D\psi(r)\mathrm{e}^{\mathrm{i}\int \mathrm{d}\boldsymbol{r}\psi(\boldsymbol{r})\phi(\boldsymbol{r})+\ln Q[-\mathrm{i}\psi]} \tag{8.8}$$

这里 Q 为外场 $\{-\mathrm{i}\psi(\boldsymbol{r})\}$ 下自由分子链体系的配分函数，表达式如下

$$Q = Q_0\left\langle \mathrm{e}^{-\mathrm{i}\int \mathrm{d}\boldsymbol{r}\psi(r)\hat{\phi}(\boldsymbol{r})}\right\rangle_0 = \int\left\{\prod_{i=1}^{n} D\boldsymbol{R}_i(s)\right\}\mathrm{e}^{-\beta H_0[\{\boldsymbol{R}_i(s)\}]-\mathrm{i}\int \mathrm{d}\boldsymbol{r}\psi(\boldsymbol{r})\hat{\phi}(\boldsymbol{r})} \tag{8.9}$$

对 Q/Q_0 进行展开

$$\begin{aligned}\frac{Q}{Q_0} &= \left\langle \mathrm{e}^{-\mathrm{i}\int \mathrm{d}\boldsymbol{r}\psi(\boldsymbol{r})\hat{\phi}(\boldsymbol{r})}\right\rangle_0 \\ &= \sum_{n=0}^{\infty}\frac{(-\mathrm{i})^n}{n!}\int \mathrm{d}r_1\cdots\mathrm{d}\boldsymbol{r}_n C_n^0(\boldsymbol{r}_1,\cdots,\boldsymbol{r}_n)\psi(\boldsymbol{r}_1)\cdots\psi(\boldsymbol{r}_n)\end{aligned} \tag{8.10}$$

其中，$C_n^0(\boldsymbol{r}_1,\cdots,\boldsymbol{r}_n) = \left\langle \hat{\phi}(\boldsymbol{r}_1)\cdots\hat{\phi}(\boldsymbol{r}_n)\right\rangle_0$ 为无外场自由分子链参考态的密度关联函数。对上式做累积量展开

$$\ln\left(\frac{Q}{Q_0}\right) = \sum_{n=1}^{\infty}\frac{(-\mathrm{i})^n}{n!}\int \mathrm{d}\boldsymbol{r}_1\cdots\mathrm{d}\boldsymbol{r}_n S_n^0(\boldsymbol{r}_1,\cdots,\boldsymbol{r}_n)\psi(\boldsymbol{r}_1)\cdots\psi(\boldsymbol{r}_n) \tag{8.11}$$

其中 S_n^0 可为累积关联函数，用费曼图的语言，由于已经去除了 C_n^0 中所有的不相连图，因此又叫相连关联函数。易知，$S_n^0(\boldsymbol{r}_1,\cdots,\boldsymbol{r}_n)=[\delta^n\ln(Q/Q_0)/\delta h(\boldsymbol{r}_1)\cdots\delta h(\boldsymbol{r}_n)]_0$，其中定义 $h(r) = -\mathrm{i}\psi(\boldsymbol{r})$。

对所有光滑场构型 $\phi(\boldsymbol{r})$ 积分得到热力学自由能

$$Z = \int D\phi(\boldsymbol{r})\mathrm{e}^{-\beta L[\phi(\boldsymbol{r})]} = \int D\phi(\boldsymbol{r})\int D\psi(\boldsymbol{r})\mathrm{e}^{-\beta H[\phi(\boldsymbol{r}),\psi(\boldsymbol{r})]} \tag{8.12}$$

该场论模型的有效哈密顿量 $\beta H[\phi(\boldsymbol{r}),\psi(\boldsymbol{r})]$ 为

$$\beta H[\phi(\boldsymbol{r}),\psi(\boldsymbol{r})] = \beta U[\phi(\boldsymbol{r})] - \ln Q[h(\boldsymbol{r})] + \int \mathrm{d}\boldsymbol{r}h(\boldsymbol{r})\phi(\boldsymbol{r}) \tag{8.13}$$

第一项是相互作用项，后两项是熵项，定义了场论中一对共轭场变量之间的勒让德变换。

至此我们完成了描述高分子统计力学的场论模型推导。在该模型中，由一对共轭场变量 $\Phi_0(\boldsymbol{r}) = [\phi_0(\boldsymbol{r}),\psi_0(\boldsymbol{r})]$ 描述体系自由度。如果利用鞍点方法做近似，积分掉 $\psi(\boldsymbol{r})$ 场，模型将只有一个场变量 $\phi(r)$，对应于以 $\phi(\boldsymbol{r})$ 为场变量的朗道相变理论。按照此方法，可以对朗道自由能中的耦合常数推导出一个粗粒化层次的微观表达式。

如果可以精确求出定义该模型的泛函积分，即可得到自由能，进而通过自由能对耦合常数求导得到热力学量。然而由于哈密顿泛函的非线性，该模型一般为不可积模型，需要引入近似方法求解。

8.3 微扰场论

微扰方法是理论物理常用的处理技巧，下边我们讨论高分子场论的微扰结构。

选择场构型 $\Phi_0(\boldsymbol{r})=[\phi_0(\boldsymbol{r}),\psi_0(\boldsymbol{r})]$ 为展开点，得到如下展开：

$$\beta H[\Phi]=\beta H[\Phi_0]+\beta H_1|_0\cdot\delta\Phi+\frac{1}{2}\delta\Phi\cdot\beta H_2|_0\cdot\delta\Phi^{\mathrm{T}}+\sum_{n=3}^{\infty}\frac{1}{n!}\beta H_n|_0\cdot\delta\Phi^n \tag{8.14}$$

这里采用了简单记号表示矩阵操作及泛函积分。代入式 (8.13) 定义的有效哈密顿量，写出各级 $\delta\Phi(\boldsymbol{r})$ 项的表达式。

零次项：

$$\beta H^{(0)}=\beta H[\phi_0(\boldsymbol{r}),\psi_0(\boldsymbol{r})] \tag{8.15}$$

一次项：

$$\beta H^{(1)}=\int \mathrm{d}\boldsymbol{r}\left\{\left[\frac{\delta(\beta U)}{\delta\phi(\boldsymbol{r})}\right]_0+h_0(\boldsymbol{r})\right\}\delta\phi(\boldsymbol{r})+\int \mathrm{d}\boldsymbol{r}\left\{-S_1^0(\boldsymbol{r})+\phi_0(\boldsymbol{r})\right\}\delta h(\boldsymbol{r}) \tag{8.16}$$

二次项：

$$\begin{aligned}\beta H^{(2)}=&\frac{1}{2}\int \mathrm{d}\boldsymbol{r}_1\mathrm{d}\boldsymbol{r}_2\left[\frac{\delta^2(\beta U)}{\delta\phi(\boldsymbol{r}_1)\delta\phi(\boldsymbol{r}_2)}\right]_0\delta\phi(\boldsymbol{r}_1)\delta\phi(\boldsymbol{r}_2)\\&-\frac{1}{2}\int \mathrm{d}\boldsymbol{r}_1\mathrm{d}\boldsymbol{r}_2S_2^0(\boldsymbol{r}_1,\boldsymbol{r}_2)\delta h(\boldsymbol{r}_1)\delta h(\boldsymbol{r}_2)+\int \mathrm{d}\boldsymbol{r}\delta h(\boldsymbol{r})\delta\phi(\boldsymbol{r})\end{aligned} \tag{8.17}$$

高次项可以用同样方式写出。上式中，$\delta\phi(\boldsymbol{r})=\phi(\boldsymbol{r})-\phi_0(\boldsymbol{r})$，$\delta h(\boldsymbol{r})=h(\boldsymbol{r})-h_0(\boldsymbol{r})$，其中 $\delta h(\boldsymbol{r})=-\mathrm{i}\delta\psi(\boldsymbol{r})$。注意，为了展开 $\ln Q$，我们用到了方程 (8.11)，这里 S_n^0 为 $h_0(\boldsymbol{r})$ 作用下的相连关联函数。

8.3.1 平均场论

平均场论通过求解 $\beta H^{(1)}=0$ 得到鞍点场构型 $\{\phi_0(\boldsymbol{r}),\psi_0(\boldsymbol{r})\}$

$$\begin{aligned}h_0(\boldsymbol{r})&=-\left[\frac{\delta(\beta U)}{\delta\phi(\boldsymbol{r})}\right]_0\\\phi_0(\boldsymbol{r})&=S_1^0(\boldsymbol{r})\end{aligned} \tag{8.18}$$

该方程称为状态方程，对应于力学中的欧拉–拉格朗日方程。显然，在该套状态方程中一对共轭场变量彼此自洽决定，因此该理论又称为自洽场论。自洽性使得研究单个场构型时的场方程高度非线性。除了极少数简单情形外，该场方程只可通过渐近方法或者数值方法求解。

在该处理的鞍点方法中有

$$Z=\int D\phi(\boldsymbol{r})\int D\psi(\boldsymbol{r})\mathrm{e}^{-\beta H[\phi(\boldsymbol{r}),\psi(\boldsymbol{r})]}\approx\mathrm{e}^{-\beta H[\phi_0(\boldsymbol{r}),\psi_0(\boldsymbol{r})]} \tag{8.19}$$

因此热力学自由能

$$F\approx H\left[\phi_0\left(r\right),\psi_0\left(r\right)\right] \tag{8.20}$$

场平均值

$$\phi\left(r\right)\approx\phi_0\left(r\right),\quad\left\langle\psi\left(r\right)\right\rangle\approx\psi_0\left(r\right) \tag{8.21}$$

在统计场论中，上述近似即被称为平均场近似。该近似下，体系的热力学自由能由朗道自由能在鞍点处的取值代替，场系综平均由鞍点场构型代替，这是平均场论中所引入的主要近似之处。在平均场近似中，由 $\langle\phi(r)\rangle\approx\phi_0(r)$，求解序参量对应的多体问题被简化成了一个鞍点场作用下的单体问题。

平均场论在高分子统计物理中被广泛应用 [4]。该方法主要是通过求方程 (8.18) 来寻找哈密顿泛函的鞍点构型。在不同条件下可以得到不同的解，给出系统中可能形成的相结构。同时，通过在不同参数下比较对应于自由能的各个鞍点解处的哈密顿量取值，决定平衡态相结构。扫描参数空间，可以建立体系的相图。目前已经发展出许多求方程 (8.18) 的高效数值方法，主要分为两类：实空间法和倒易空间法。两者相互补充，可以联合使用寻找体系可能的相结构 [4]。

8.3.2 高斯场论

平均场论对应于 $\beta H^{(1)}=0$ 的问题，得到的解可能是极大值或者极小值等，分别对应于稳定相或者不稳定相等。为了确定解的性质，我们分析自由能函数在该解处的曲率，解的性质由自由能二级导数项即高斯项决定。高斯项的分析对应于体系平均场解的线性稳定性分析。

在高斯水平，有

$$\begin{aligned}Z&\approx\mathrm{e}^{-\beta H^{(0)}}\int D\delta\phi\int D\delta\psi\mathrm{e}^{-\beta H^{(2)}}\\&=Z_0\int D\delta\phi\int D\delta\psi\exp\left\{-\frac{1}{2}\delta\phi\cdot V_0\cdot\delta\phi-\frac{1}{2}\delta\psi\cdot S_2^0\cdot\delta\psi+\mathrm{i}\delta\psi\cdot\delta\phi\right\}\end{aligned} \tag{8.22}$$

其中，$\beta H^{(1)}|_0=0$ 已经使线性项消失；$Z_0=\exp\left\{-\beta H^{(0)}\right\}$ 是平均场论的配分函数；$V_0=\left[\delta^2\left(\beta U\right)/\delta\phi^2\right]_0$ 是裸相互作用矩阵，$S_2^0=\left\langle\delta\phi\delta\phi\right\rangle_0$ 是裸关联矩阵。这里采用了简化记号：$f\cdot g=\int\mathrm{d}rf\left(r\right)g\left(r\right)$ 和 $f\cdot K\cdot g=\int\mathrm{d}r_1\mathrm{d}r_2f\left(r_1\right)K\left(r_1,r_2\right)g\left(r_2\right)$。

由于高斯积分可严格求出，下边我们采用两种高斯场论的处理方法，即分别对 $\delta\phi$ 和 $\delta\psi$ 进行积分，可以分别得到体系不同的信息。

1) 散射函数矩阵

积分掉 $\delta\psi$ 的自由度得到

$$Z/Z_0 \approx \int D\delta\phi \exp\left\{-\frac{1}{2}\delta\phi\cdot\left[V_0+\left(S_2^0\right)^{-1}\right]\cdot\delta\phi\right\} \tag{8.23}$$

因此有高斯分布

$$P\left[\delta\phi\right] \propto \exp\left[-\frac{1}{2}\delta\phi\cdot\left(S_2\right)^{-1}\cdot\delta\phi\right]$$

这里 $S_2=\langle\delta\phi\delta\phi\rangle$ 是体系的密度涨落关联矩阵，即散射函数矩阵。

在该近似下，有

$$(s_2)^{-1} = V_0 + (s_2^0)^{-1} \tag{8.24}$$

这里的上角 -1 表示矩阵求逆。

逆散射函数矩阵表征密度涨落所消耗的能量，在场论中，该矩阵给出体系密度涨落的能谱。由上方程可知，$(S_2)^{-1}$ 通过 $\left(S_2^0\right)^{-1}$ 被 V_0 修正后得到，即相互作用系统的能谱由无相互作用参考系统的裸能谱被相互作用重整化得到。

可将矩阵 $(S_2)^{-1}$ 对角化，找出本征矢量及对应的本征值，即可得到体系的能谱，它描述了体系在给定平均场解之上的基本激发模式及激发能量。该本征矢量组形成完备基，任意密度涨落可以由该本征函数基展开。在给定参数下，如果矩阵 $(S_2)^{-1}$ 正定，即所有特征值为正，则平均场解稳定。如果出现负的特征值，平均场状态就会被负能量模式破坏而失去稳定性。对于相变点分析，最重要的是对应于最低能量的本征模式，我们称之为软模式。软模式能量取 0 时决定体系平均场状态的线性不稳定点，即旋节线点。

由该理论还可以得出体系在平均场状态的无规相近似散射函数 [4]：$S_2=\left[V_0+\left(S_2^0\right)^{-1}\right]^{-1}$。注意，当所考虑的平均场状态为各向异性的非均匀态时，该计算给出各向异性的无规相近似散射函数。

以二嵌段共聚物相变研究为例，在朗道理论框架下，通过上述方法可以计算无序态的散射函数及旋节线 [12−15]。该方法被推广至有序态散射函数的计算，为研究有序相之间演化的动力学路径提供了重要信息 [16−18]。此后，该方法又被推广至几何受限体系中二嵌段共聚物熔体的相变研究，促进了对受限下自组装取向机制的理解 [19−22]。

2) 屏蔽相互作用矩阵

积分掉 $\delta\phi$ 的自由度得到

$$Z/Z_0 \approx \int D\delta\psi \exp\left\{-\frac{1}{2}\delta\psi\cdot\left[S_2^0+(V_0)^{-1}\right]\cdot\delta\psi\right\} \tag{8.25}$$

因此有高斯分布

$$P[\delta\psi] \propto \exp\left[-\frac{1}{2}\delta\psi \cdot (V)^{-1} \cdot \delta\psi\right] \tag{8.26}$$

这里 $V = \langle\delta\psi\delta\psi\rangle$ 是体系的密度共轭场涨落关联函数。

在该近似下，有

$$(V)^{-1} = S_2^0 + (V_0)^{-1} \tag{8.27}$$

这里，V 称为屏蔽相互作用矩阵。高斯模型提供了一种计算屏蔽相互作用的直接方法，即 $V = \left[S_2^0 + (V_0)^{-1}\right]^{-1}$。由裸散射函数矩阵和裸相互作用矩阵可直接算出有效屏蔽相互作用矩阵。由于组分密度涨落提供的屏蔽效应，所以组分间有效相互作用不同于裸相互作用。

在高分子物理中，屏蔽相互作用对理解给定条件下的高分子链构型非常重要 [5,6]。为说明该方法的应用，下面我们用该方法推导出高分子熔体中单体间的屏蔽相互作用，这一结果为 Flory 定理 (即熔体中的高分子链服从高斯统计 [3,5]) 提供了证明。

考虑高分子熔体，我们用统计链段长度 l 对长度进行约化。链段间的裸相互作用 $V_0 = v, v$ 是无量纲的排除体积参数。裸散射函数由德拜函数描述，可以近似为 Ornstein-Zernike 形式：$S_2^0 = (Nc)/\left[1 + \left(q^2 R_g^2/2\right)\right] \approx 12c/q^2$。其中，$R_g^2 = N/6$ 是高分子链的均方回转半径；c 是链段浓度。对于目前的单组分系统，矩阵 V_0 和 S_2^0 由矩阵简化为函数。

将 V_0 和 S_2^0 代入屏蔽相互作用的方程式中，可得

$$V(q) = \frac{1}{v^{-1} + 12c/q^2} = v\left[1 - \frac{1}{1 + q^2\xi^2}\right] \tag{8.28}$$

这里定义了一个屏蔽长度 $\xi = \sqrt{1/12cv}$。傅里叶变换到实空间有

$$V(r) = v\left[\delta(r) - \left(\frac{1}{4\pi\xi^2}\right)\frac{e^{-r/\xi}}{r}\right] \tag{8.29}$$

当 $r > 0$ 时，这是汤川势的形式。当链段间距离大于屏蔽长度时，相互作用以指数方式衰减，导致高分子链表现出理想的高斯统计行为。随着体系浓度增大，屏蔽长度以 $\xi \propto c^{-1/2}$ 的方式减小，在高分子熔体中浓度最大，屏蔽长度最短，相互作用被屏蔽掉，导致高分子链统计表现出 Flory 定理预言的高斯行为。

8.4 非微扰理论

基于费曼图的微扰场论在强涨落时失效，需要超越微扰方法的理论手段。重整化群 (RG) 理论正是为了解决这一难题所发展的方法 [7−9]，但是，在这里我们不

讨论 RG 方法，而是介绍一种在高分子物理中用到的方法，即自洽单圈图 Hartree 理论。下面我们在变分法的框架下介绍该处理方法。

考虑高分子体系，我们的目标是计算自由能 F 和场的统计平均值 $\langle\eta(r)\rangle$。这里我们使用 $\eta(r)$ 来表示体系的自由度。在微扰场论中，$\langle\eta(r)\rangle$ 由有效哈密顿量的鞍点给出，F 由有效哈密顿量在鞍点处的取值给出。下面我们发展非微扰方法计算 $\langle\eta(r)\rangle$ 和 F。

从场论模型出发

$$Z=\int D\eta \mathrm{e}^{-H} \tag{8.30}$$

这里为了记号方便，设 $\beta=1$。记

$$\eta=\langle\eta\rangle+\xi \tag{8.31}$$

ξ 表示场构型偏离平均值的涨落。哈密顿函数写成

$$H[\eta]=H[\langle\eta\rangle]+H_1[\langle\eta\rangle,\xi] \tag{8.32}$$

我们构造一个高斯形式的哈密顿函数：

$$H_{\mathrm{eff}}=\frac{1}{2v}\sum_k [r(k)]\left|(\eta-\eta)(k)\right|^2$$

这里，我们是在傅里叶空间写出理论。哈密顿函数中包括两个变分参数，即 $r(k)$ 和 $\langle\eta(k)\rangle$，分别对应于哈密顿量对于状态高斯分布的方差和平均值。具体推导过程如下：

$$\begin{aligned}
Z=\mathrm{e}^{-F}&=\mathrm{e}^{-H[\langle\eta\rangle]}\int D\xi\mathrm{e}^{-H_1}\\
&=\mathrm{e}^{-H[\langle\eta\rangle]}\int \mathrm{D}\xi\mathrm{e}^{-H_{\mathrm{eff}}}\mathrm{e}^{-(H_1-H_{\mathrm{eff}})}\\
&=\mathrm{e}^{-H[\langle\eta\rangle]}\left[\int D\xi\mathrm{e}^{-H_{\mathrm{eff}}}\right]\times\frac{\int D\varsigma\mathrm{e}^{-H_{\mathrm{eff}}}\mathrm{e}^{-(H_1-H_{\mathrm{eff}})}}{\int D\varsigma\mathrm{e}^{-H_{\mathrm{eff}}}}\\
&=\mathrm{e}^{-H[\langle\eta\rangle]}\left[\int D\xi\mathrm{e}^{-H_{\mathrm{eff}}}\right]\times\left\langle\mathrm{e}^{-(H_1-H_{\mathrm{eff}})}\right\rangle_{\mathrm{eff}}\\
&\geqslant\mathrm{e}^{-H[\langle\eta\rangle]}\left[\int D\xi\mathrm{e}^{-H_{\mathrm{eff}}}\right]\times\left\langle\mathrm{e}^{-H_1-H_{\mathrm{eff}}}\right\rangle_{\mathrm{eff}}
\end{aligned} \tag{8.33}$$

最后一步用到了 Bogoliubov 不等式。考虑自由能

$$F\leqslant F_{\mathrm{var}}=H[\langle\eta\rangle]-\ln\int D\varsigma\mathrm{e}^{-H_{\mathrm{eff}}}+\langle H_1-H_{\mathrm{eff}}\rangle_{\mathrm{eff}} \tag{8.34}$$

实际的自由能总是小于变分自由能，我们可以将哈密顿量对两个变化参数求变分最小，得到最接近真实自由能的变分自由能。

变分计算如下：

$$\frac{\delta F_{\text{var}}}{\delta r(k)} = 0$$

$$\frac{\delta F_{\text{var}}}{\delta \eta(k)} = 0$$

求出 $r_v(k)$ 和 $\langle \eta(k) \rangle_v$，将其代入 F_{var}，得到自由能

$$F_v = H[\langle \eta \rangle_v] + \left[-\ln \int D\xi \mathrm{e}^{-H_{\text{eff}}} + \langle H_1 - H_{\text{eff}} \rangle_{\text{eff}} \right]_{(r_v, \langle \eta_v \rangle)}$$

上式三项分别对应于平均场自由能、高斯涨落能和关联能。该方法被称为自洽 Hartree 方法，并已被用于处理高分子统计物理中涉及强涨落的情形 [4]。例如，采用该方法研究了相图临界点附近二嵌段共聚物熔体的涨落效应 [23]。$Ia\bar{3}d$ 相 [24] 和 $Fddd$ 相 [25] 的研究也用到了该方法，并且该方法已经在最近得到了改进 [26,27]。

参考文献

[1] Jones R A L. Soft Condensed Matter. New York: Oxford University Press, 2002.
[2] de Gennes P G. Scaling Concepts in Polymer Physics. New York: Cornell University Press, 1979.
[3] Doi M, Edwards S F. The Theory of Polymer Dynamics. Oxford: Oxford University Press, 1988.
[4] Fredrickson G H. The Equilibrium Theory of Inhomogeneous Polymers. New York: Oxford University Press, 2006.
[5] Vilgis T A. Polymer theory: path integrals and scaling. Phys. Rep., 2000, 336(3): 167-254.
[6] Morse D C. Diagrammatic analysis of correlations in polymer fluids: cluster diagrams via Edwards' field theory. Ann. Phys., 2006, 321(10): 2318-2389.
[7] Amit D J. Field Theory, The Renormalization Group, and Critical Phenomena. Singapore: World Scientific, 1984.
[8] Kardar M. Statistical Physics of Fields. Cambridge: Cambridge University Press, 2007.
[9] Goldenfeld N. Lectures on Phase Transitions and the Renormalization Group. New York: Addison-Wesley, 1992.
[10] Matsen M W, Schick M. Stable and unstable phases of a diblock copolymer melt. Phys. Rev. Lett., 1994, 72(16): 2660-2663.
[11] Matsen M W. The standard Gaussian model for block copolymer melts. J. Phys. Condens. Matter, 2001, 14(2): R21.
[12] Leibler L. Theory of microphase separation in block copolymers. Macromolecules, 1980, 13(6): 1602-1617.

[13] Ohta T, Kawasaki K. Equilibrium morphology of block copolymer melts. Macromolecules, 1986, 19(10): 2621-2632.

[14] Kawasaki K, Ohta T, Kohrogui M. Equilibrium morphology of block copolymer melts. 2. Macromolecules, 1988, 21(10): 2972-2980.

[15] Kawasaki K, Kawakatsu T. Equilibrium morphology of block copolymer melts. 3. Macromolecules, 1990, 23(17): 4006-4019.

[16] Miao B, YanD D, Han C C, et al. Effects of confinement on the order-disorder transition of diblock copolymer melts. J. Chem. Phys., 2006, 124(14): 144902.

[17] MiaoB, YanD D, Wickham R A, et al. The nature of phase transitions of symmetric diblock copolymer melts under confinement. Polymer, 2007, 48(14): 4278-4287.

[18] Erukhimovich I, Johner A. Helical, angular and radial ordering in narrow capillaries. 2007, Eurephys. Lett., 79(5): 56004.

[19] Erukhimovich I, Theodorakis P E, Paul W, et al. Mesophase formation in two-component cylindrical bottlebrush polymers. J. Chem. Phys., 2011, 134(5): 054906.

[20] Shi A C, Noolandi J, Desai R C. Theory of anisotropic fluctuations in ordered block copolymer phases. Macromolecules, 1996, 29(20): 6487-6504.

[21] Laradji M, Shi A C, Noolandi J, et al. Stability of ordered phases in diblock copolymer melts. Macromolecules, 1997, 30(11): 3242-3255.

[22] Shi A C. Nature of anisotropic fluctuation modes in ordered systems. J. Phys. Condens. Matter, 1999, 11(50): 10183.

[23] Fredrickson G H, Helfand E. Fluctuation effects in the theory of microphase separation in block copolymers. J. Chem. Phys., 1987, 87(1): 697-705.

[24] Hamley I W, Podneks V E. On the Landau-Brazovskii theory for block copolymer melts. Macromolecules, 1997, 30(12): 3701-3704.

[25] Miao B, Wickham R A. Fluctuation effects and the stability of the Fddd network phase in diblock copolym melts. J. Chem. Phys., 2008, 128(5): 054902.

[26] Grzywacz P, Qin J, Morse D C. Renormalization of the one-loop theory of fluctuations in polymer blends and diblock copolymer melts. Phys. Rev. E, 2007, 76(6 Pt 1): 061802.

[27] Qin J, Morse D C. Renormalized one-loop theory of correlations in polymer blends. J. Chem. Phys., 2009, 130(22): 224902.

第 9 章　高分子结晶理论进展

9.1　引　　言

高分子结晶理论不仅是高分子物理中最后的理论难题之一，也是材料物理最关心的问题之一。在高分子材料这一目前应用最广泛的材料中，超过三分之二的种类可以结晶，其结晶的程度和形态是影响材料相行为以及体系的力学性能、传热性能、光电性能等特性的关键因素。在不同的结晶情况下，材料可以是弹性体、塑料、纤维或胶黏剂。高分子晶态的导电、传热以及光伏性能都要比无定型状态下有显著提升，因而材料中晶体不同形态的设计和调控是发展和应用新型高分子材料的关键技术。

在过去的几十年中，高分子结晶的实验研究取得了巨大的进展，积累了大量的实验数据。在结晶理论方面，自 Keller 提出分子链的折叠理论以来，人们提出了一系列不同的模型和观点，其代表人物包括 Fischer、Flory、Frank、Hoffman、Keller、Kovacs、Krimm、Point、Stein、Wunderlich 等。在 20 世纪六七十年代一系列以结构为导向的学术会议上，关于高分子结晶问题一直争论不断。这些争论以 1979 年在剑桥召开的法拉第讨论会 (Faraday Discussion) 为标志 [1]。此后，随着时间的推移，Hoffman、Lauritzen 及其合作者的理论 [2–4] 逐渐被多数人接受，特别是在美国。原因是他们的理论图像比较简单易懂，并且可以给出关于片晶厚度和生长率相对简单的方程。尽管也一直存在着争议，但其基础并没有动摇。到了 20 世纪 80 年代，这一理论被当成是高分子结晶的“标准模型”而被广泛应用。

进入 20 世纪 90 年代，实验上有了新的进展，越来越多的传统理论所不能解释的现象凸显出来。主要有代表性的实验包括：① Keller 及其合作者发现在高压下聚乙烯首先形成无序的六角相，然后才形成正交的晶体，并推测在常压下也是如此 [5,6]；② Kaji 及其合作者发现在 X 射线散射实验中，先于晶体结构的广角散射峰出现之前已经出现了一个来自前导 (有序) 结构的小角散射峰 [7]；③ 温度依赖的小角 X 射线散射发现片晶厚度在平衡熔点之下由过冷度控制 [8]。

基于 Kaji 等的实验结果，Olmsted 等提出了一个唯象的旋节线相分离辅助的结晶理论 [9]。这一理论可以解释上述 Kaiji 等的散射实验，但实验本身的可靠性却遭到了质疑。这一质疑更多地来自于美国的结晶工作者。此后，Muthukumar 及其合作者基于模拟的结果 [10–12]，也提出了对上述散射实验新的理论解释 [13,14]。

与此同时，Strobl 及其合作者根据大量温度依赖的散射实验数据，发现不同的片晶厚度具有不同的熔融、结晶、生长行为，而且结晶线与熔融线在片晶厚度趋于无穷时不交于同一个温度，并由此推测出片晶生长前端有一个预取向的中介相 [15–17]。

这些新的实验结果和理论模型的出现，又引发了新的一轮关于结晶问题的争论。与小分子晶体不同，高分子晶体不仅要形成周期的空间结构，同时分子链处于基态的螺旋构象且沿择优方向有取向。可以看出高分子结晶是微观上多自由度、宏观上多相参与的复杂问题。同时，高分子具有数目巨大的内部自由度，这导致构象熵对结晶起着关键的作用。从形态上来讲，高分子晶体一般并不是伸直链单晶结构，而是由折叠分子链形成的片晶。片晶与片晶之间是无定形结构区，从而总体上表现为半晶态。在不同尺度上半晶态的高分子表现为不同的形态特征。在宏观上表现为尺度为微米–毫米的球晶，它是由介观尺度上的片晶结构组成的；而在微观上，则是伸直的螺旋链密排成晶格结构。因此，研究片晶的形成机理就构成了结晶理论的核心。本书主要讨论片晶形成和生长的热力学和动力学理论。

9.2 高分子结晶特点与结晶的经典理论

经典的结晶理论是建立在热力学准平衡基础之上的，它可以在一定程度上解决如下一些问题，即成核的早期过程、片晶厚度、片晶的生长速度等。

我们知道，高分子的结晶温度介于熔融温度与玻璃化转变温度之间。因此在研究片晶厚度之前，我们先讨论一下与片晶形成相反的一个过程，即一个已经形成的片晶在什么温度下可以熔融。这一温度被称作片晶的熔融温度，它可以由 Thomas-Gibbs 方程给出 [1]

$$T_{\mathrm{m}} = T_{\mathrm{m}}^0 \left(1 - \frac{2\sigma_e}{l\Delta h}\right)$$

其中，T_{m}^0 是片晶厚度为无限长时的熔融温度，T_{m} 是片晶厚度为 l 时的熔融温度，σ_e 是折叠表面单位面积的 Gibbs 自由能，Δh 是在 T_{m}^0 下单位体积的熔融热。

最初提出的关于片晶厚度的理论是一次成核理论，它试图解释片晶的厚度。尽管人们很快发现这一理论是错误的，但回顾一下还是很有启发意义的。

假设一个晶核的厚度为 l，链间距为 a，含有 ν 个分子链。因此由于成核所产生的过剩 Gibbs 自由能为

$$\Delta G = 4la\sqrt{\nu}\sigma + 2\nu a^2\sigma_e - \nu a^2 l\Delta f$$

其中，$\Delta f \approx \Delta h\Delta T/T_{\mathrm{m}}^0$ 是结晶后每单位体积的 Gibbs 自由能之差。上式对 l 和

ν 求极值，可得到成核势垒所对应的临界片晶厚度

$$l^* = \frac{4\sigma_e}{\Delta f}$$

我们将会看到，这一结论是不正确的。但即使如此，l^* 在数量级上还是正确的。

在一个已经形成的片晶侧表面上形成一个新的供片晶进一步生长的核的过程叫二次成核，如图 9.1 所示。实验表明，二次成核对于决定片晶厚度更为重要。如果仿照一次成核的方法，则会得到

$$l^* = \frac{2\sigma_e}{\Delta f}$$

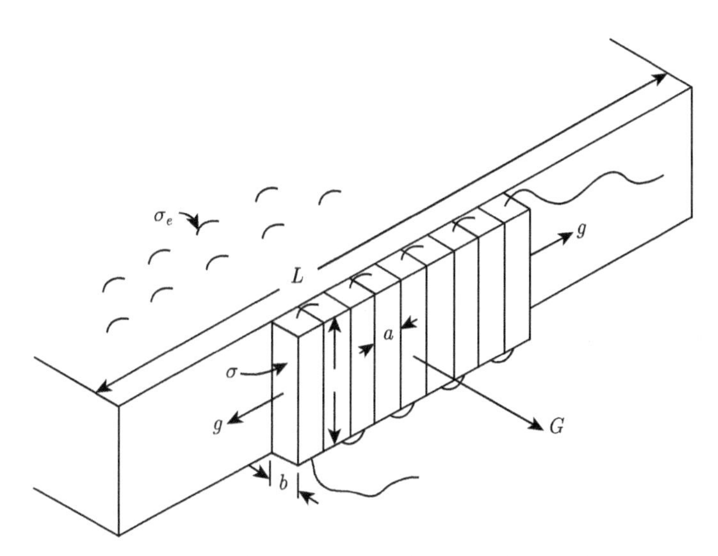

图 9.1 表面成核和折叠结晶生长模型。取自文献 [18]

如果这一结果代入熔融温度公式，则会得到 $T_{\mathrm{m}} = T_{\mathrm{c}}$，即在熔融温度结晶，这显然是不对的。因此，片晶厚度应该介于一次核与二次核之间，即

$$l^* = \frac{2\sigma_e}{\Delta f} + \delta l$$

在假设折叠链的厚度在成核之后不再变化的基础上，Hoffman 和 Lauritzen 在 20 世纪 60 年代初提出他们富有影响的结晶理论 (Hoffman-Lauritzen 理论，简称 H-L 理论)[2,3]。他们把分子链在片晶侧表面上的折叠当作一系列链段的顺序加成。链段从熔体 ($\nu = 0$) 转变成核上的第一个折叠链茎 ($\nu = 1$)，随后便沿着这一结晶的链茎依次折叠生长下去，并形成稳定的生长速度。在这一过程中，自由能随链茎数目的变化如图 9.2 所示。

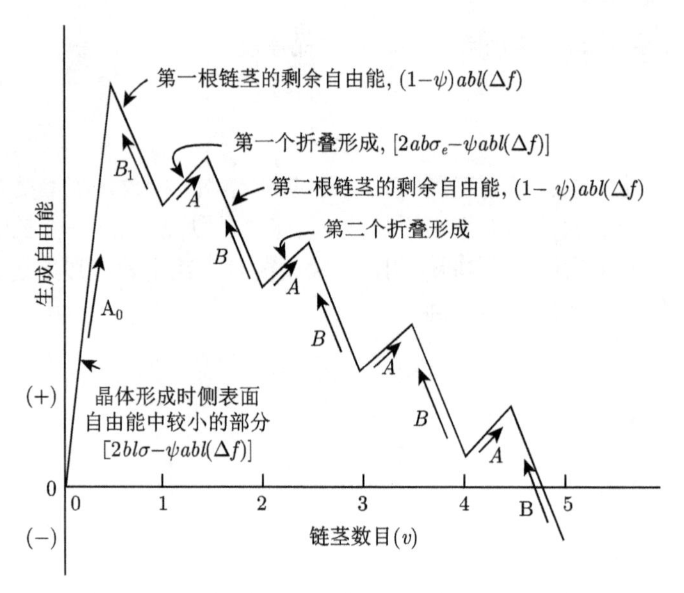

图 9.2　生成链折叠表面核的自由能。取自文献 [18]

这一理论的核心是引入了一个参数ψ，它介于 0~1，描述链茎数目从 ν 到 $\nu+1$ 这一过程中，链茎的附着活化能与解附着活化能之间的分配比例，也就是与吸附同时发生的链茎结晶的比例。

根据这一理论，片晶厚度是按照生长速率的加权平均来得到的，即

$$\langle l\rangle_{av} = \int_{2\sigma_e}^{\infty} lS(l)\mathrm{d}l \Big/ \int_{2\sigma_e}^{\infty} S(l)\mathrm{d}l$$

最后可以得到

$$\langle l\rangle_{av} = \frac{2\sigma_e}{\Delta f} + \left(\frac{k_{\mathrm{B}}T}{2b\sigma}\right)\frac{2+(1-2\psi)a\Delta f/2\sigma}{\{1-a\Delta f\psi/2\sigma\}\{1+a\Delta f(1-\psi)/2\sigma\}}$$

对于 $\psi=1$，即吸附与结晶同时发生，此时折叠表面生长的自由能势垒最小，上式简化为

$$\langle l\rangle_{av} = \frac{2\sigma_e}{\Delta f} + \left(\frac{k_{\mathrm{B}}T}{2b\sigma}\right)\frac{4\sigma/a-\Delta f}{2\sigma/a-\Delta f} = \frac{2\sigma_e}{\Delta f} + \delta l$$

当 $\Delta f = 2\sigma/a$ 时，δl 为无限大，即所谓的“δl 大灾难”。

对于 $\psi=0$，即先吸附再结晶，此时折叠表面生长的自由能势垒最大，上式简化为

$$\langle l\rangle_{av} = \frac{2\sigma_e}{\Delta f} + \left(\frac{k_{\mathrm{B}}T}{2b\sigma}\right)\frac{4\sigma/a+\Delta f}{2\sigma/a+\Delta f}$$

则意味着在这一情形下没有 “δl 大灾难”。调整参数 ψ，可以得到与实验一致的理论结果。从稀溶液中生长的等规立构聚苯乙烯的理论与实验结果对比如图 9.3 所示。

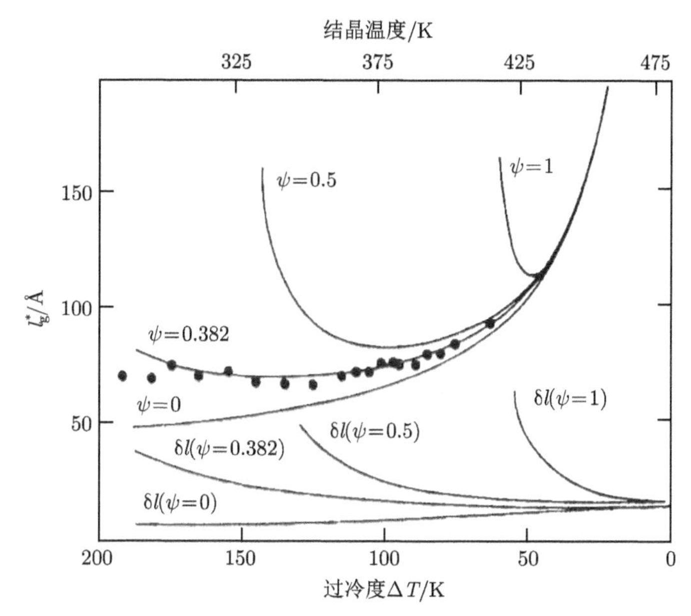

图 9.3 从稀溶液中生长的等规立构聚苯乙烯的片晶厚度 l_g^* 随过冷度的变化在不同 ψ 下的理论值与实验值 (圆点) 对比。当 $\psi = 0.382$ 时理论曲线与实验值符合得最好。图中还显示了 l_g^* 所对应的δl 分量。取自文献 [18]

此外，经典结晶理论还可以给出片晶的生长速度。限于篇幅，这里不再赘述。有兴趣的读者可以参考 Bassett 的综述 [18]。

迄今为止人们关于高分子结晶的图像大多都是以 H-L 理论为基础的。在过去的六十多年中，对于这一理论有很多修正和改进 [19]，但却始终未改变其基本思想。H-L 理论的出发点是二次成核理论，它假定片晶生长是始于一个具有有限厚度的平坦的生长面。片晶通过高分子的链段在生长表面上的表面能和内聚能的竞争来达到一个稳定的片晶厚度和生长速度。尽管在很多方面，特别是在研究片晶生长问题上，H-L 理论取得了很大成功，但这一经典理论没有讨论初始核形成的动力学过程，也忽略了晶体和熔体间的界面结构。它是一个建立在一个个相继的准平衡热力学理论之上的赝动力学理论，不是一个真正的动力学理论；它忽略了高分子的链状构象特征在热力学和动力学中的作用，而这些则是影响成核、生长的关键因素。特别是在解释散射实验的结果时，H-L 理论表现得无能为力 [7,15,16,20,21]。

9.3 散射实验与理论模型的新进展

近年来，随着实验上的最新进展，特别是散射实验的进展，人们提出了一些新的结晶理论和观点，以下举几个最有代表性的例子。

9.3.1 中介相模型 [15−17]

Strobl 及其合作者根据大量温度依赖的散射实验数据，发现结晶线与熔融线在片晶厚度趋于无穷时不交于同一个温度；而且，在不同的温区 (对应于不同的片晶厚度) 具有不同的熔融行为。其实验结果可总结于图 9.4 中，它表示片晶厚度倒数随着温度升高的变化。

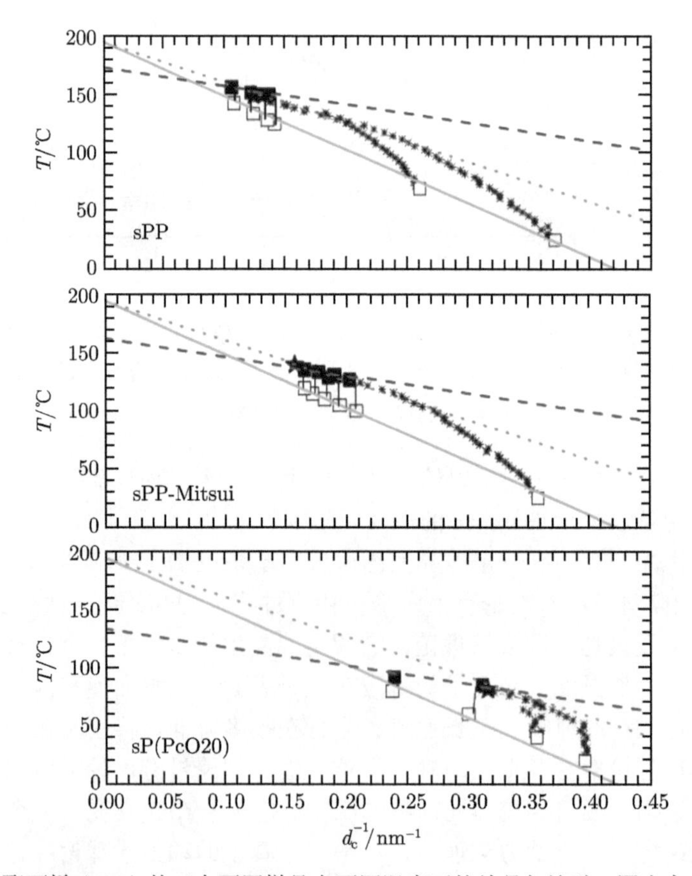

图 9.4　间规聚丙烯 (sPP) 的三个不同样品在不同温度下的结晶与熔融。图中空心方块、实心方块、星形点分别代表在初始点、熔融点、重结晶过程的终点时片晶厚度的倒数。对于不同的样品，结晶线 (实线) 和重结晶线 (点线) 不变，而熔融线 (虚线) 平移。取自文献 [16]

从图 9.4 中的实验数据不难发现熔融线上有一个特殊点，它对应于一个特定的片晶厚度：当片晶厚度大于这一特定厚度时，在加热过程中，片晶由结晶线直接过渡到熔融线而片晶厚度保持不变；而当片晶厚度小于这一特定厚度时，在从结晶线到熔融线的加热过程中，片晶厚度随着温度升高而增加。同时，还存在一条被称为重结晶的线，它表示在上述特殊点右侧片晶的熔融行为。

为使进一步的分析简明起见，我们把图 9.4 中代表了熔融、结晶、重结晶行为的三条线重新画到图 9.5 中，并可以用数学形式表示为

熔融线：$d_c^{-1}=C_f(T_f^{\infty}-T)$， 这里 $C_f=\Delta h_f/2\sigma_e T_f^{\infty}$
结晶线：$d_c^{-1}=C_c(T_c^{\infty}-T)$
重结晶线：$d_r^{-1}=C_r(T_c^{\infty}-T)$

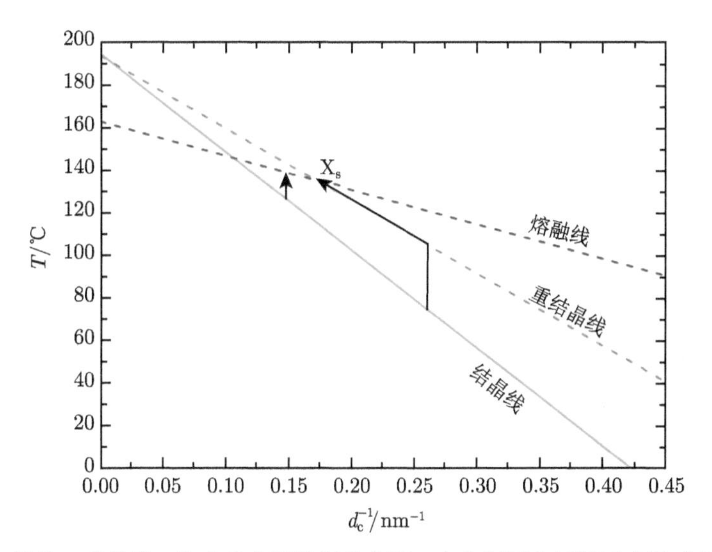

图 9.5 sPP 结晶、重结晶、熔融的典型数据示意图。在高温区和低温区升温时具有不同的熔融路径。取自文献 [16]

更多的实验结果显示，结晶线与重结晶线都不随样品的化学结构 (如立构规整性和共聚单元含量) 而变化，而熔融线则不然。当化学结构无序性增高时，熔融线会向低温移动。可见，熔融线是完整的片晶熔融时所对应的温度，它高于结晶温度。结晶并不是熔融的反过程。

进一步的实验表明，在 H-L 理论中由以下方程控制晶体生长速率

$$u=u_0\exp\left(-\frac{T_A^*}{T}\right)\exp\left(-\frac{T_G}{T_f^{\infty}-T}\right)$$

上述方程表明，晶体生长率将终止于 $T=T_f^{\infty}$。但新的小角 X 射线散射实验数据

表明，上述方程中的 $T_{\rm f}^{\infty}$ 应由 $T_{\rm zg}$ 所取代，$T_{\rm zg}$ 表示晶体生长率为 0 (zero-growth) 时所对应的温度。

这样我们可以把图 9.5 拓展到图 9.6 ($T_{\rm zg} = T_{\rm am}^{\infty} < T_{\rm f}^{\infty} = T_{\rm ac}^{\infty} < T_{\rm c}^{\infty} = T_{\rm mc}^{\infty}$)。可以做一条 $T_{\rm zg}$ 点与 $X_{\rm s}$ 点的连线，得到 $T_{\rm am}$ 线；它与结晶线相交于 $X_{\rm n}$ 点。连接片晶厚度为无穷时的熔点 (即 $T_{\rm ac}^{\infty}$ 点) 与 $X_{\rm n}$ 点，可以得到 $T_{\rm ac_n}$ 线。在这一相图中，共有 5 条线，除了前述的熔融线 ($T_{\rm ac_s}$)、结晶线 ($T_{\rm mc_n}$)、重结晶线 ($T_{\rm mc_s}$) 外，还多了两条线 $T_{\rm ac_n}$ 和 $T_{\rm am}$。这样，就引进了新的中介相 (mesophase) 以及初生晶体相 ($\rm c_n$)、稳定晶体相 ($\rm c_s$)。$T_{\rm mc_n}$ 对应于从中介相到初始晶体相的转变温度，以此类推。

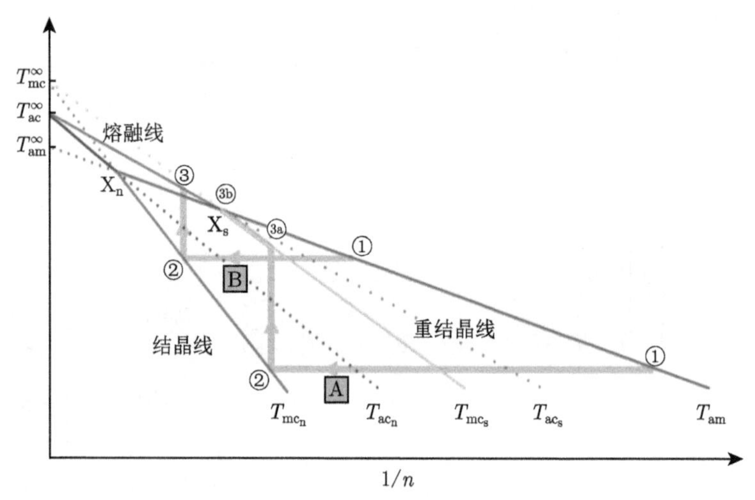

图 9.6　体相 (a)、中介相 (m)、初生晶体相 ($\rm c_n$)、稳定晶体相 ($\rm c_s$) 相图。其中，$1/n$ 与片晶厚度成正比，依赖于它的各种相转变用不同的线来表示。例如，$T_{\rm mc_n}$ 对应于从中介相到初始晶体相的转变温度，以此类推。路径 A 和 B 分别表示在低温区和高温区中的等温结晶和后续的加热过程。三相点 $X_{\rm n}(X_{\rm s})$ 表示熔体相、中介相、初始晶体相 (稳定晶体相) 具有相同的 Gibbs 自由能。取自文献 [16]

这一相图对应于如下的结晶图像，如图 9.7 所示。

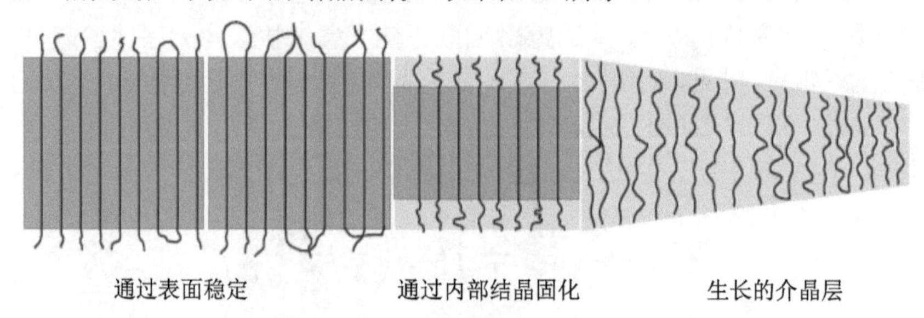

图 9.7　高分子晶体生长的多阶段模型。取自文献 [16]

在这一结晶图像中有四个相，从右到左依次为熔体相 (a) (指介晶相左边及其他无色白底部分)、中介相 (m)、初生晶体相 (c_n)、稳定晶体相 (c_s)。从 m 相到 c_n 和 c_s 的过程分别对应于结晶线和重结晶线，从 c_s 到 m 的过程则对应于熔融线。这一结晶图像最核心的观点是片晶生长前端有一个中介相，在这一层中分子链预取向。这一层进一步转变为初始晶体，再固化成稳定的片晶。因此，片晶的形成是一个两步的过程，而最关键的还是第一步。

Strobl 的这一结晶图像具有一定的合理性，逐渐有一些研究者认同这一新机理。但是这一模型推测了一些相，目前还没有足够的直接实验结果来证实这些相的存在及其性质，因而这一模型的真实性和普适性还有赖进一步的实验和理论进展。

9.3.2 旋节线链构象相分离辅助的结晶理论 [9]

传统的聚合物熔体结晶图像表明，在经过一个成核诱导期后，会观察到一个广角 X 射线散射 (WAXS) 布拉格峰，它对应于实空间中晶格的尺度；同时伴随着小角 X 射线散射 (SAXS) 峰，对应于在无定性区域中的片晶间的距离；而在诱导期之内，没有 WAXS 峰出现。然而，最新的实验 [22−25] 报道了不同的聚合物熔体 (PET、PE、i-PP) 在诱导期内 (即布拉格峰出现前) 先有 SAXS 峰出现，而且峰的强度随时间指数增长，遵从 Cahn-Hilliard (C-H) 理论，它对应于旋节线相分离过程。这个峰随时间向小角方向移动 (对应于实空间中尺度增大)，并终止于布拉格峰的出现。

基于上述实验结果，Olmsted 及其合作者提出了一个新的结晶图像 [9]，如图 9.8 所示。他们认为，聚合物链在结晶之前必须调整到正确的构象。例如，聚乙烯链在晶相里为全反式 (或锯齿形) 构象，而在熔体中则为无规的反式或非对称构象。通常认为构象序 (链内) 和结晶序 (链间) 同时发生；但在这一理论中，他们认为这一过程相继发生。在聚合物熔体 (以下也称液体) 中，链构象会与密度耦合，从而导致构象意义上的相分离，继而成核、结晶。具有“正确”(螺旋) 构象的链通常会比无序构象的链排列得更为紧密。因此，Olmstead 提出由构象–密度耦合能诱导液–液相分离的观点，并提出了一个唯象的自由能

$$f = f_0(\bar{\rho}) + f_*(\bar{\rho}, \rho_*) + f_\eta(\eta, \bar{\rho}, \rho_*)$$

其中，$\bar{\rho}$ 是平均质量密度，ρ_* 是晶体密度在倒空间的展开系数，它代表结晶比例的多少；f_0 是无规链构象的自由能；f_* 是结晶的自由能；参数 η 表示链构象的无序程度，即当温度从高温降到低温 (低于结晶温度) 时，体系从完全无序 ($\eta = 0$) 光滑地变化到完全有序 ($\eta = 1$)；f_η 描述了链构象分布随 η 的变化。作者巧妙地

猜测了一个 f_η 形式，即

$$f_\eta(\eta,\bar{\rho},\rho_*)=\frac{k_{\mathrm{B}}T\bar{\rho}}{2M_B}\left[\eta^2\cosh^2\left(\frac{\beta E}{2}\right)-\eta\sinh\left(\beta E\right)\right]$$

之所以取这样的自由能形式，是因为它能使体系满足玻尔兹曼分布。其中，

$$\eta(T)=\tanh\left(\beta E/2\right)$$

$\eta(T)$ 的这一形式使它能够满足上述随温度变化的情形。

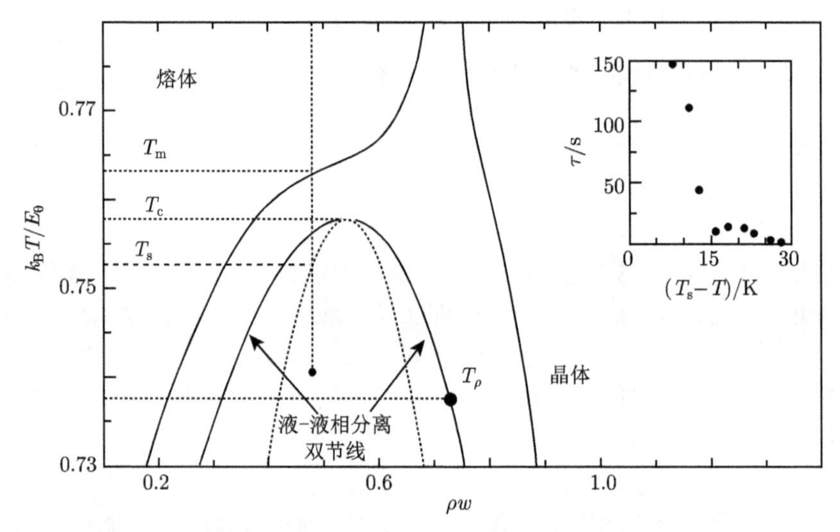

图 9.8　构象–密度耦合诱导的液–液相分离的相图。取自文献 [9]

有了上述自由能形式，就可以计算相图。在典型的参数条件下，其相图如图 9.8 所示。

可见，在两相共存区包埋着一个液–液相分离区。这里相分离指的是“构象上”的相分离 (而不是组分上的)，也就是说存在着两种构象不同的液体，密度越大的液体中的高分子链越接近结晶所需要的排列。这一相分离可以形象地用图 9.9 表示。

这样，如果结晶过程直接从液相到晶相，即从液相和晶相公切线所对应的 ρ_L 相到 ρ_c 相 (以 ρ 作为序参量)，就需要翻越一个较高的势垒，使得结晶并不容易；但如果先发生一个“构象意义上的”液–液相分离，则从密度较高的一相 (密度 ρ_{L2}) 到晶相 (密度 ρ_c) 只需要翻越一个很小的势垒 $\Delta(T,\bar{\rho})$，从而使结晶变得更为容易。如图 9.10 所示。

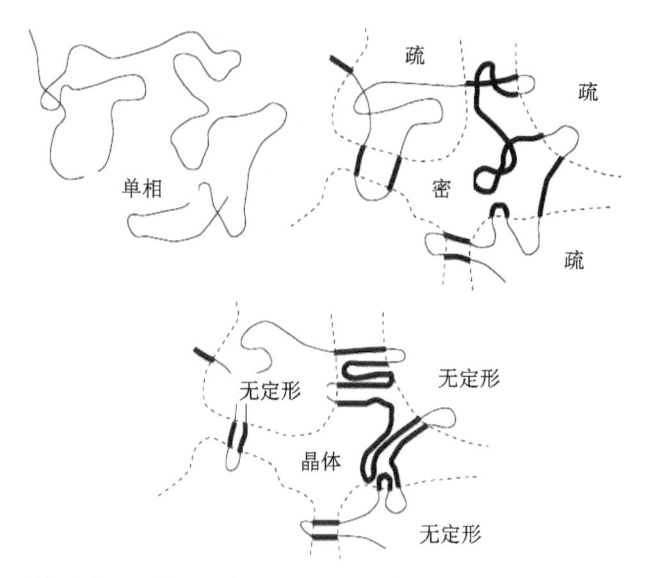

图 9.9 后期液–液旋节线相分离的示意图。细线：无序构象；粗线：与结晶一致的 (螺旋) 构象。每根分子链都可看成“构象意义上的嵌段共聚物”。取自文献 [9]

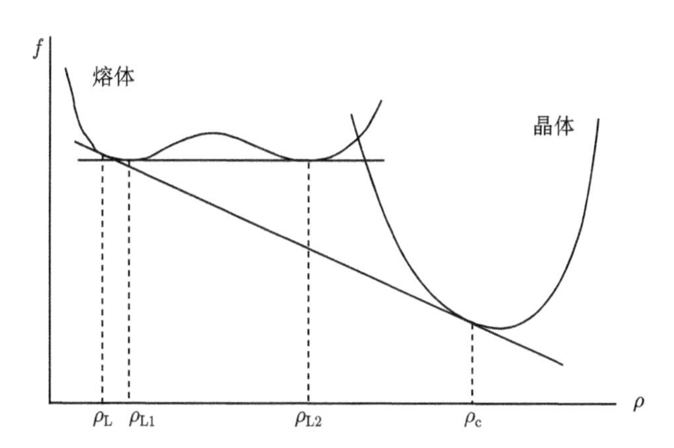

图 9.10 给定温度之下的自由能密度示意图。在该温度下密度为 $\rho(\rho_L < \rho < \rho_c)$ 的熔体将发生相分离，进入液体 (熔体) 与晶体的两相共存区。液体部分的公切线给出了亚稳态的液–液相分离双节线对应的密度 ρ_{L1} 和 ρ_{L2} (参见图 9.8)。取自文献 [9]

按上述观点，实验上的 SAXS 峰对应于旋节线相分离结构的特征长度。这一结构的粗化过程在诱导期结束时终止，此时特征长度为 ξ_m。接着布拉格峰在 WAXS 中出现。迄今为止并不清楚旋节线相分离结构在诱导期结束时如何演化成球晶，但是旋节线相分离结构最后的长度 ξ_m 控制了最初片晶的厚度。

这一理论的核心是构象–密度耦合。一旦链段接受了正确的 (螺旋的) 构象，持久长度将会增加，这样链的密度就与取向序相耦合。事实上，Imai 等的退极化光散射发现了结晶的 PET 熔体的旋节线相分离后的相中存在着取向涨落。但是，取向序不足以导致分离的转变，向列相序参数只是使含 η 项的系数被重整。在某些情况下，伴随着构象序而来的链刚性的增强可能足以导致从各向同性排列到向列相的转变，对应于一个更为复杂的过程，即熔体 →(各向同性的) 液体 (1)+ 液体 (2)→ 液体 (2) 液体 (2)→ 向列相 → 晶体。

这一理论的后续发展是利用含时 Ginzburg-Landau (TDGL) 理论计算了 SAXS 峰的动力学 [26]。传统的 C-H 理论给出的 ω_q/q^2 随 q^2 变化关系在 q 较大时是线性行为，这与实验结果不一致。而利用上述 Olmsted 等所提出的包含取向序的自由能泛函，结合 TDGL 理论，则给出当 q 较大时对线性行为 (C-H 理论所描述的长波涨落) 的偏离，与实验结果一致 (图 9.11(a) 中实验点和图 9.11(b) 中实线)。其物理本质在于大 q 对应于小的实空间尺度，因而是构象 (或取向) 涨落的尺度；而只包含密度涨落 (大空间尺度因而是小 q) 的 C-H 理论则不能解释大 q 行为。值得指出的是，当 q 较小时这一理论同 C-H 理论一样，无法得到实验上得到的 ω_q/q^2 随 q^2 减小而减小的行为。然而，实验上关于 q 较小时的解释也是有争议的。有人认为 q 较小时 ω_q/q^2 随 q^2 减小是非本质的。目前的理论对 q 较小时的解释究竟对不对还有待于未来实验的检验。

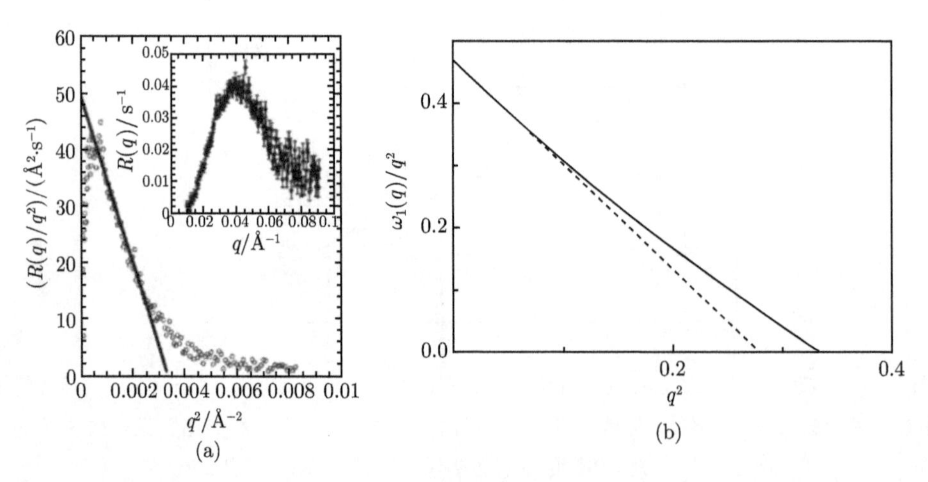

图 9.11　实验结果 (a) 与构象辅助下的密度涨落成核理论 (b) 的对比。取自文献 [26] 及其中参考文献 [7]

另一个重要的后续发展是关于结晶成核的旋节线相分离机制的计算机并行计算模拟研究 [27]。研究者用了 10^6 个 CPU 计时 (2048 Intel Xeon 2.4GHz 和 4096 Intel Itanium Tiger 1.4GHz)，模拟了足够大的体系，可以看到与旋节线相分离相联系的长波涨落，也就是图 9.12 中的直线部分；同时，也看到了 q^2 较大时对线性行为的偏离。

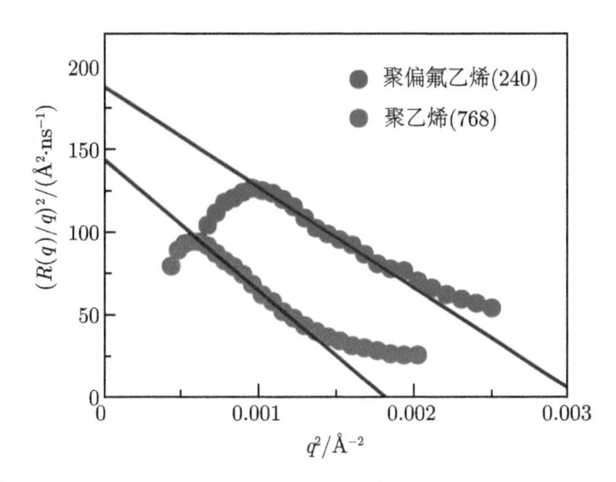

图 9.12 结晶成核早期过程的原子模拟。其中直线部分满足 C-H 行为，说明其中旋节线相分离机制起主导作用。取自文献 [27]

旋节线相分离机制的反对者认为，Kaji 等小组的散射实验结果并不可靠。他们不认为可以从构象上把无规和取向的链看成两个相，不认同“构象上”的相分离。此外，在上述实验体系中，结晶温度非常接近玻璃化转变温度。是否只有在这种情形下才能观测到旋节线相分离行为？或者两者之间是否存在着内在的联系？目前还没有这方面的研究。

9.3.3 基于分子模拟的链内成核理论 [10−14]

Muthukumar 及其合作者首先对聚合物结晶过程进行了计算机模拟 [10−12]。模拟结果显示，在成核之前同一根链会先生成几个连在一起的“子核” (baby nuclei)，继而这些子核的取向序增加并长大形成近晶的珠链，最后形成具有折叠链结构的晶体 (图 9.13)。而且，模拟中观察到，子核之间的距离基本不变，而连接于其间的单体数目伴随着子核内单体的取向的增长而随时间增长。他们以此来解释散射实验观测到的结构因子 $S(q,t)$ 随时间增长的规律，并把散射峰位置 $q_{\max}$ 所对应的尺度解释为实空间中子核之间的距离。

这一模拟结果与实验基本相符，如图 9.14 所示。但这里值得注意的是，当 q^2 变大时，模拟结果同样偏离线性行为。而在其随后的理论中，并不能解释甚至没有提及这一点。

在上述模拟结果的基础上，Muthkumar 等提出了如图 9.15 所示的模型来解释散射实验中 $q_{\max}$ 的起因，这一模型包括由 m 个单体连接的两个晶粒 (分别由

N_1 和 N_2 个单体组成)。

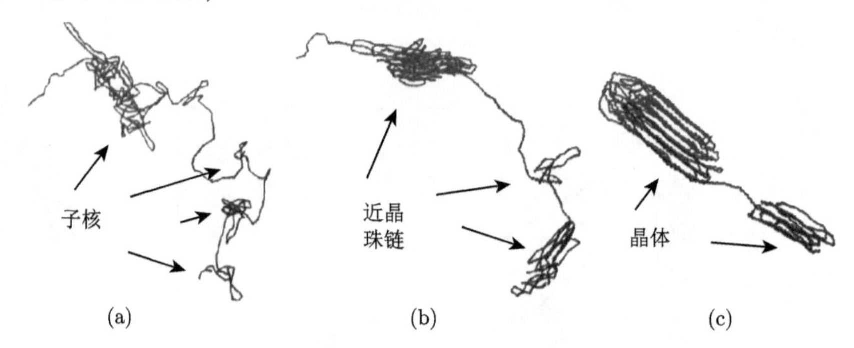

图 9.13　聚合物结晶成核机理的分子动力学模拟。取自文献 [13]

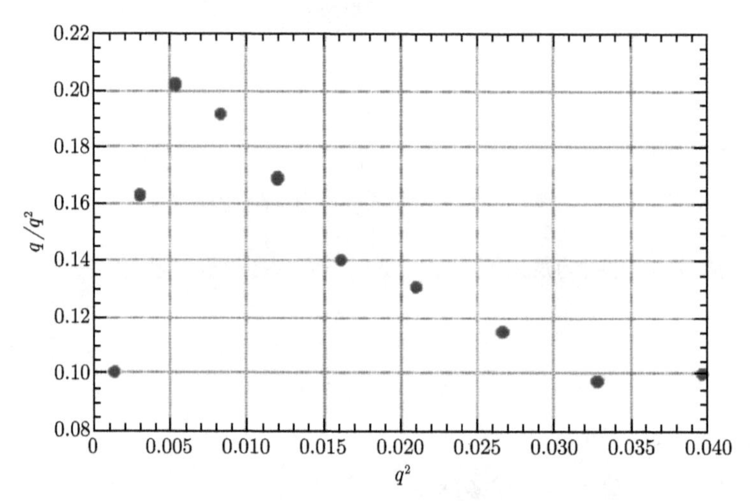

图 9.14　q/q^2 与 q^2 关系的分子动力学模拟结果。取自文献 [13]

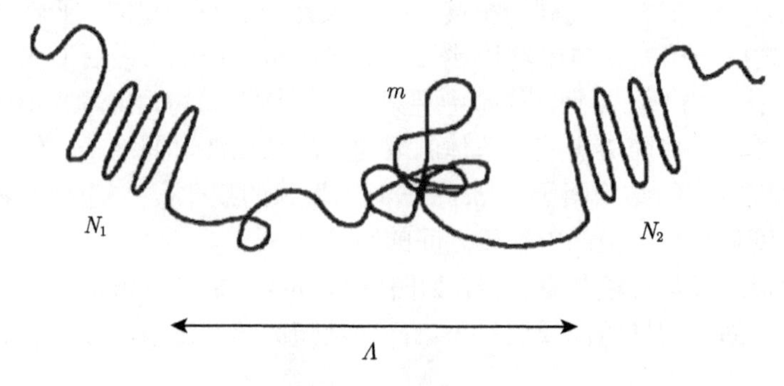

图 9.15　考虑连接熵的理论模型。取自文献 [13]

于是，自由能可写为

$$\frac{F_0}{k_{\mathrm{B}}T} = -(N-m)\varepsilon + \frac{3}{2}\frac{\Lambda^2}{ml^2}$$

对自由能求极值，就得到

$$\frac{\Lambda}{l} \sim \sqrt{m^*} \sim \frac{1}{\sqrt{\varepsilon}}$$

这样，最初的平均距离由 ε 决定，因而也就是由过冷度决定。

此外，Muthukumar 等还用福克尔–普朗克方程描述了晶粒的生长，其结果在成核初期与实验数据符合得很好，但后期并不相符。

为了解释密度涨落的增长，即 ω_q/q^2 与 q^2 的关系，Muthukumar 提出如下的自由能形式，它包括以下三项

$$F \sim \sum_q \left(-\Delta T + q^2 + \frac{1}{q^2}\right)\psi_q^2$$

其中，ψ_q 是与波矢相关的密度差。第一项来自于过冷度的贡献；第二项来自于由密度梯度所导致的表面能的贡献；第三项来自于链的连接性所导致的单体–单体间的关联。这一自由能结合含时 Ginzburg-Landau 方程，就得到与实验一致的散射光强随时间呈指数增长，即 $I(q,t) \sim \exp(2\omega_q t)$，而且

$$\omega_q = q^2\left(\Delta T - q^2 - \frac{1}{q^2}\right)$$

这样，当 q 较小时，ω_q/q^2 随 q^2 的减少快速下降；当 q 较大时，ω_q/q^2 随 q^2 的增加线性下降；在两者之间有一个最大值。这些都与实验结果一致。可是，当 q 更大时，不能得到实验上 ω_q/q^2 随 q^2 增加对线性行为的偏离。因此，应当说目前还没有一个理论能够完全解释散射实验的结果，或许每个都只抓住了某一个机理，或许实验结果需要重新认识。

结晶中另一个重要的问题是片晶的厚度。在传统的 H-L 理论中，片晶厚度最主要的决定因素是晶体的表面能，尤其是折叠表面能；而在 Muthukumar 的理论中，折叠面对自由能的贡献来自于折叠面上分子链环状 (loop) 部分的构象熵。与之相对应，片晶厚度不再像 H-L 理论中那样对应于鞍点，而是对应于一个极小值。(图 9.16 中，(a) 是 Muthukumar 的理论，(b) 是 H-L 理论) 数值模拟的结果也证明了这一点。

最后，还要谈到片晶生长的动力学问题。Muthukumar 等的模拟结果表明，与 H-L 理论不同，片晶生长过程中没有自由能势垒。片晶的生长是通过新的分子链吸附、折叠，然后在生长前缘重新调整以适应原来片晶的厚度。

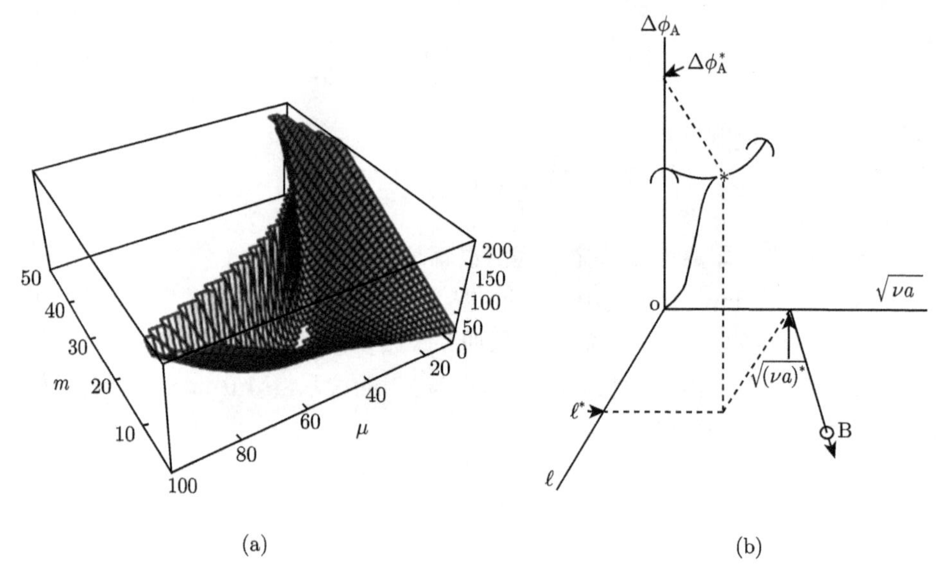

图 9.16　自由能与片晶大小关系的 Muthukumar 理论 (a) 与 H-L 理论 (b) 对比。取自文献 [13]

9.3.4　片晶生成过程的局域交换模型 [37]

在结晶问题中，分子链的折叠是一个被普遍接受的事实，但是究竟是紧致的近邻折叠 [30] 还是松散的近邻折叠 [31]，抑或是远程折叠的插线板模型 [32,33]，关于这一分歧始终没有一个很好的理论上的解释。最近的原子力显微镜 (AFM) 实验结果表明 [34]，在片晶的折叠面上有大量的近邻折叠和少量的次近邻折叠。尽管已经有一些理论研究了折叠表面的形貌和自由能 [35,36]，但关于上述实验的解释还远远不够。

如果我们认同 Stobl 的中介相的观点，那么分子链在生长到晶体之前，可以有两种运动：一种是垂直于片晶方向的滑移，这种运动使分子链可以进出片晶 (这也是使片晶增厚的运动)；另一种是沿着片晶方向的横向运动，如图 9.17 所示。对于已经形成片晶的分子链段 0 而言，从内聚能的角度讲，它的近邻无所谓是 (已经基本取向了的) 链段 1 或者链段 2；但是如果链段 1 和链段 2 交换一下位置，则会改变环的跨度。计算表明跨度较小的环的自由能更低，因而跨度大的环倾向于与它的近邻交换，形成跨度较小的环，这种运动我们称之为局域交换。它之所以能够发生，源于如下两个原因：① 片晶在生成之前有一个中介相，在其中，分子链仍可以比较自由地做横向运动；② 环的自由能使它尽可能形成较小的跨度。

这样，接下来的问题是计算具有不同链长、不同跨度的环对应的自由能。需要特别指出的是，分子链在结晶之前，由于温度的降低，链的刚性会大大增加，因此普遍采用的柔性高斯链模型不再能很好地描述分子链在结晶前的行为。利用第

5 章中介绍的可以有效处理半刚性链体系的单链平均场方法，可以计算环的自由能；同时这一过程中的蒙特卡罗模拟还可以给出环的形貌。无论是自由能的计算还是蒙特卡罗抽样，我们都可以观察到这样的结果 (图 9.18)：对于两个不同长度的环，最大的分布概率所对应的环的跨度基本相同，说明不同长度的环都以近邻折叠为主。不同的环长度对应于不同的折叠。较短的环对应于 Keller 的紧致近邻折叠，较长的环对应于 Fisher 的松散近邻折叠；而 Flory 的插线板模型需要更大的跨度，因而发生的概率非常小。这样就从理论上解释了几十年来的分子链折叠之争。[37]

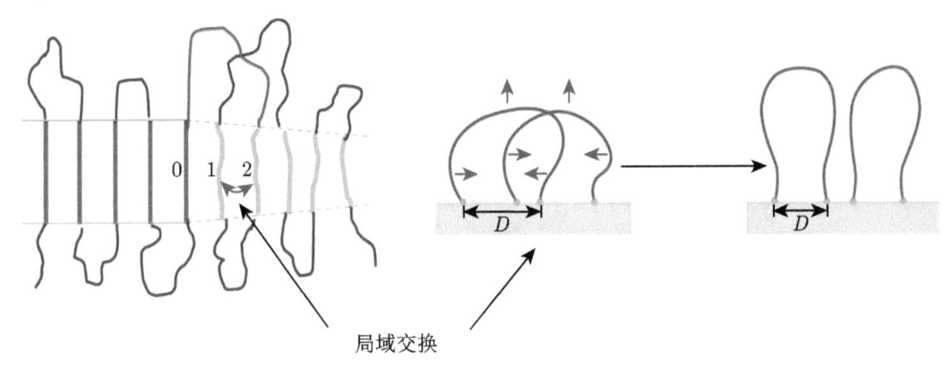

图 9.17 分子链在片晶形成前的局域交换运动。这种运动会使跨度较大的环通过与近邻的环交换进入片晶点的位置，从而形成跨度较小的环，因而形成近邻折叠

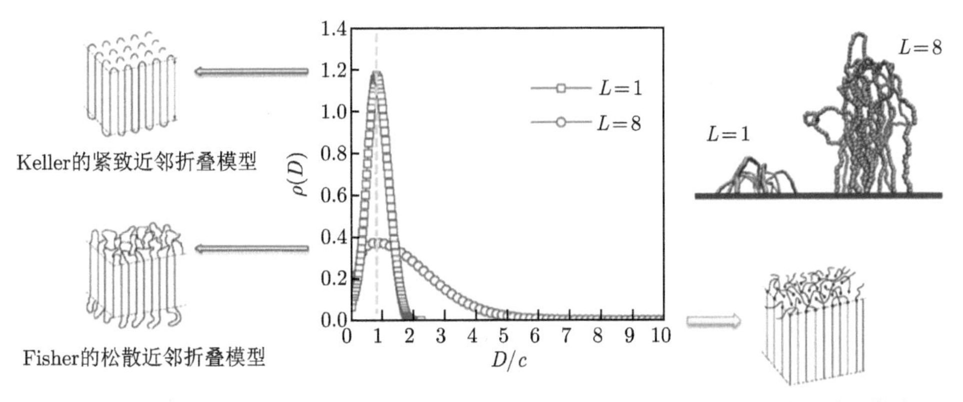

图 9.18 对于两个不同的环长度 (以持久长度为单位)，最大的分布概率的峰位基本相同，而且都在一个晶格的位置，说明以近邻折叠为主。不同的环长度对应于不同的折叠，图中右上角是蒙特卡罗模拟得到的两个不同的环长度折叠链的构象

最后我们讨论一下片晶厚度的动力学起因。尽管热力学可以给出片晶厚度，但对于快速形成的初始核而言，很难相信它可以通过平衡态的热力学理论来计算。

如图 9.19 中所示，对一根分子链而言，随着温度的降低，分子链刚性增强。相比于这种刚性均匀地分布在整根链上 (第一条路径)，分子链更愿意产生一个刚柔相间的分布 (第二条路径)，也就是前面 Olmsted 所谓的构象意义上的相分离。这种分布使它具有更低的能量。这可以类比于相分离，随着温度的降低，分相具有更低的能量。如果这个刚性链段的长度与片晶的厚度在同一数量级，它可以更容易地折叠，形成片晶的茎干；而柔性部分则形成了折叠表面。

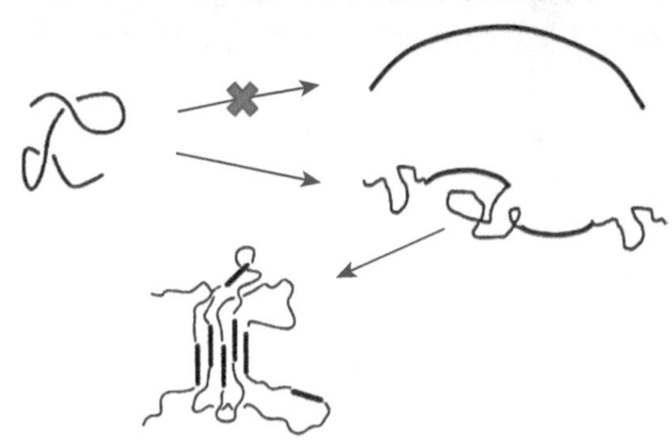

图 9.19　片晶厚度动力学起因示意图。随着温度的降低，分子链刚性增强。第一条路径表示这种刚性均匀地分布在整根链上；第二条路径表示分子链产生一个刚柔相间的分布，它更容易发生。其中刚性链段的长度应与片晶厚度在同一数量级，进而进一步折叠形成片晶的茎干

9.4　高分子结晶机理研究展望

高分子的结晶机理一直是高分子物理中的一个未解的难题。关于这方面的争论和研究目前正在进行中。一方面，从经典的 H-L 理论到 Olmsted 的唯象理论和 Muthukumar 的分子理论，都是局限在某一尺度上唯象地解释具体的问题，而不是从高分子链的结构特征出发的普适性结晶理论。另一方面，现有的高分子物理理论方法 (如以高斯链为基础的场论方法) 还不能直接用于解决结晶问题。因为在结晶过程中，随着温度的降低，高分子链的刚性不断增加，高斯链模型已不再适用，因此需要引进半刚性链模型。考虑到分子链在晶体中的取向，单体的自由度数目应为 6 (包括 3 维平动和 3 个描述取向和扭转的欧拉角)。因此完善的结晶理论应建立在半刚性的蠕虫链模型之上。在过去的几十年中，人们发展了很多理论方法来研究这一类高分子链的构象统计。特别是近年来发展起来的单链平均场理论对于处理半刚性链是一个特别有效的方法 [28]。这种方法利用对单链构象的采样代替求解扩散方程。而对于半刚性链，因为构象数目少，所以采样量大大降低，从而使半刚性链体系热力学的建立成为可能 [37]。

上面重点讨论了片晶的成核与生长。进一步，片晶还会分叉、生长，最终形成球晶。关于片晶分叉的机理也是一个没有最终解决的问题。李林等提出了在片

晶生长表面由于位错或其他缺陷形成生长表面核的机理[29]。这里特别指出的是在折叠表面成核，以区别传统理论中在片晶生长表面二次成核的观点。

在实验上，关于高分子结晶机制的研究已经日趋完备和成熟。在过去的二十多年中，SAXS 和 AFM 两种新的实验手段加入到结晶的研究中来。传统的 WAXS 实验只能看到晶体形成后的结构，只能通过类似于“考古”的方式来推演成核的早期过程；而 SAXS 实验可以直接观察到成核早期过程中有序度的演化，从而使结果更为可信。散射实验的不足之处：它看到的只是有序行为的平均结果，无法得到一些细节和局部的信息。AFM 的观测尺度介于 WAXS 和 SAXS 之间，它最大的优势是可以看到在纳米尺度上对形成的晶体实行原位观测，看到晶体的形貌，从而可以对片晶的生长、分叉以及球晶的形成、生长给出更为直观的图像。总之，对于结晶这样一个复杂的问题需要多种实验手段相结合，单一的手段则很难给出结晶过程的全貌。

综上，目前高分子结晶研究的理论手段日益成熟，实验积累日趋完善，正是发展以微观高分子链模型 (如蠕虫链、螺旋链) 和密度泛函理论为基础的结晶理论的大好时机。

参 考 文 献

[1] Society F. Organization of macromolecules in the condensed phase. Faraday Discuss. Chem. Soc., 1979: 85.

[2] Lauritzen J I, Hoffman J D. Theory of formation of polymer crystals with folded chains in dilute solution. J. Res. Natl. Bur. Stand. Sect. A, 1960, 64A(1): 73-102.

[3] Lauritzen J I, Hoffman J D. Crystallization of bulk polymers with chain folding: theory of growth of lamellar spherulites. J. Res. Natl. Bur. Stand. Sect. A, 1961, 65A(4): 297.

[4] Hoffman J D, Davis G T, Lauritzen J I. Treaties on Solid State Chemistry. New York: Plenum Press, 1976: 497.

[5] Rastogi S, Hikosaka M, Kawabata H, et al Role of mobile phases in the crystallization of polyethylene. Part 1. Metastability and lateral growth. Macromolecules, 1991, 24(24): 6384-6391.

[6] Keller A, Hikosaka M, Rastogi S. An approach to the formation and growth of new phases with application to polymer crystallization: effect of finite size, metastability, and Ostwald's rule of stages. J. Mater. Sci., 1994, 29(10): 2579-2604.

[7] Imai M, Kaji K, Kanaya T, et al. Ordering process in the induction period of crystallization of poly (ethylene terephthalate). Phys. Rev. B, 1995, 52(17): 12696-12704.

[8] Hauser G, Schmidtke J, Strobl G. The role of co-units in polymer crystallization and melting: new insights from studies on syndiotactic poly (propene-co-octene). Macromolecules, 1998, 31(18): 6250-6258.

[9] Olmsted P D, Poon W C K, McLeish T C B, et al. Spinodal-assisted crystallization in polymer melts. Phys. Rev. Lett., 1998, 81(2): 373.

[10] Liu C, Muthukumar M. Langevin dynamics simulations of early-stage polymer nucleation and crystallization. J. Chem. Phys., 1998, 109(6): 2563-2542.

[11] Muthukumar M, Welch P. Modeling polymer crystallization from solutions. Polymer, 2000, 41(25): 8833-8837.

[12] Welch P, Muthukumar M. Molecular mechanisms of polymer crystallization from solution. Phys. Rev. Lett.,2001, 87(21): 218302.

[13] Muthukumar M. Molecular modelling of nucleation in polymers. Phil. Trans. R. Soc. Lond. A, 2003, 361(1804): 539-556.

[14] Muthukumar M. Modeling polymer crystallization. Adv. Polym. Sci., 2005, 191(1): 241-274.

[15] Strobl G. From the melt via mesomorphic and granular crystalline layers to lamellar crystallites: a major route followed in polymer crystallization? Eur. Phys J. E, 2000, 3(2): 165-183.

[16] Strobl G. Colloquium: laws controlling crystallization and melting in bulk polymers. Rev. Mod. Phys., 2009, 81(3): 1287-1300.

[17] Strobl G R. The Physics of Polymer. New York: Springer, 1997.

[18] Bassett D C. Principles of Polymer Morphology. Cambridge: Cambridge University Press, 1981.

[19] Hoffman J D, Miller R L. Kinetic of crystallization from the melt and chain folding in polyethylene fractions revisited: theory and experiment. Polymer, 1997, 38(13): 3151-3212.

[20] Imai M, Mori K, Mizukami T, et al. Structural formation of poly (ethylene terephthalate) during the induction period of crystallization: 2. Kinetic analysis based on the theories of phase separation. Polymer, 33(21): 4457-4462.

[21] Imai M, Kaji K, Kanaya T. Orientation fluctuations of poly (ethylene terephthalate) during the induction period of crystallization. Phys. Rev. Lett., 1993, 71(25): 4162-4165.

[22] Imai M, Kaji K, Kanaya T. Structural formation of poly (ethylene terephthalate) during the induction period of crystallization. 3. evolution of density fluctuations to lamellar crystal. Macromolecules, 1994, 27(24): 7103-7108.

[23] Ezquerra T A, López-Cabarcos E, Hsiao B S, et al. Precursors of crystallization via density fluctuations in stiff-chain polymers. Phys. Rev. E, 1996, 54(1): 989-992.

[24] Terrill N J, Fairclough P A, Towns-Andrews E, et al. Density fluctuations: the nucleation event in isotactic polypropylene crystallization. Polymer, 1998, 39(11): 2381-2385,

[25] Kaji K, Nishida K, Kanaya T, et al. Spinodal crystallization of polymers: crystallization from the unstable melt. Adv. Polym. Sci., 2005, 191: 187-240.

[26] Tan H G, Miao B, Yan D D. Conformation-assisted fluctuation of density and kinetics of nucleation in polymer melts. J. Chem. Phys., 2003, 119(5): 2886-2891.

[27] Gee R H, Lacevic N, Fried L E. Atomistic simulations of spinodal phase separation preceding polymer crystallization. Nature Materials, 2006, 5(1): 39-43.

[28] Tang J Z, Zhang X H, Yan D D. Compression induced phase transition of nematic brush: a mean-field theory study. J. Chem. Phys., 2015, 143(20): 204903.

[29] Jiang Y, Yan D D, Gao X, et al. Lamellar branching of poly(bisphenol A-co-decane) spherulites at different temperatures studied by high-temperature AFM. Macromolecules, 2003, 36(10): 3652-3655.

[30] Keller A. A note on single crystals in polymers: evidence for a folded chain configuration. Philos. Mag., 1957, 2(21): 1171-1175.

[31] Fischer E W. Stufen-und spiralförmiges Kristallwachstum bei Hochpolymeren. Z. Naturforsch., 1957, 12a: 753-754.

[32] Yoon D Y, Flory P J. Small-angle neutron scattering by semicrystalline polyethylene. Polymer, 1977, 18(5): 509-513.

[33] Flory P J, Yoon D Y. Molecular morphology in semicrystalline polymers. Nature, 1978, 272(5650): 226-229.

[34] Savage R C, Mullin N, Hobbs J K. Molecular conformation at the crystal–amorphous interface in polyethylene. Macromolecules, 2015, 48(17): 6160-6165.

[35] Shah M, Ganesan V. Chain bridging in a model of semicrystalline multiblock copolymers. J. Chem. Phys., 2009, 130(5): 054904.

[36] Milner S T. Polymer crystal–melt interfaces and nucleation in polyethylene. Soft Matter, 2011, 7(6): 2909-2917.

[37] Xiao H Y, Zhang X H, Yan D D. A Local-exchange model of folding chain surface of polymer crystal based on worm-like chain model within single-chain in mean-field theory. Polymers, 2020, 12(11): 2555.

索　引

Z

其他